高等职业教育“十三五”规划教材（新能源课程群）

光伏发电系统电气控制

主　编　裴勇生　叶云云　许洪龙

副主编　张瑞林　郝传柱　吴　方

内 容 提 要

本书根据高职高专光伏电气控制技术课程教学基础要求编写，具有理论浅、知识新、实用性强、通俗易懂的特点，且形式活泼、语言生动，力求将深奥的科学知识变得生动有趣。针对光伏发电系统电气控制课程实践性强的特点，本书加入了大量与理论有关的真实实验图片、数据等内容，力求使学生对电气控制技术有较为全面的了解。

本书可作为高职高专光伏发电技术与应用、生物质能应用技术等相关专业的教材，也可供光伏电站运行与维护人员参考使用。

图书在版编目（CIP）数据

光伏发电系统电气控制 / 裴勇生，叶云云，许洪龙主编. -- 北京 : 中国水利水电出版社，2016.5

高等职业教育“十三五”规划教材. 新能源课程群

ISBN 978-7-5170-4301-0

Ⅰ. ①光… Ⅱ. ①裴… ②叶… ③许… Ⅲ. ①太阳能发电－电气控制系统－高等职业教育－教材 Ⅳ. ①TM615②TM921.5

中国版本图书馆CIP数据核字(2016)第096914号

策划编辑：祝智敏　责任编辑：张玉玲　加工编辑：袁　慧　封面设计：李　佳

书　名	高等职业教育“十三五”规划教材（新能源课程群） **光伏发电系统电气控制**
作　者	主　编　裴勇生　叶云云　许洪龙 副主编　张瑞林　郝传柱　吴　方
出版发行	中国水利水电出版社 （北京市海淀区玉渊潭南路 1 号 D 座　100038） 网址：www.waterpub.com.cn E-mail：mchannel@263.net（万水） sales@waterpub.com.cn 电话：（010）68367658（发行部）、82562819（万水）
经　售	北京科水图书销售中心（零售） 电话：（010）88383994、63202643、68545874 全国各地新华书店和相关出版物销售网点
排　版	北京万水电子信息有限公司
印　刷	三河市鑫金马印装有限公司
规　格	184mm×240mm　16 开本　11.25 印张　246 千字
版　次	2016 年 5 月第 1 版　2016 年 5 月第 1 次印刷
印　数	0001—2000 册
定　价	25.00 元

I

序　言

第三次科技革命以来，高新技术产业逐渐成为当今世界经济发展的主旋律和各国国民经济的战略性先导产业，各国相继制定了支持和促进高新技术产业发展的方针政策。我国更是把高新技术产业作为推动经济发展方式转变和产业结构调整的重要力量。

新能源产业是高新技术产业的重要组成部分，能源问题甚至关系到国家的安全和经济命脉。随着科技的日益发展，太阳能这一古老又新颖的能源逐渐成为人们利用的焦点。在我国，光伏产业被列入国家战略性新兴产业发展规划，成为我国为数不多的处于国际领先位置，能够在与欧美企业抗衡中保持优势的产业，其技术水平和产品质量得到越来越多国家的认可。新能源技术发展日新月异，新知识、新标准层出不穷，不断挑战着学校专业教学的科学性。这给当前新能源专业技术人才培养提出极大挑战，新教材的编写和新技术的更新也显得日益迫切。

在这样的大背景下，为解决当前高职新能源应用技术专业教材的匮乏，新能源专业建设协作委员会与中国水利水电出版社联合策划、组织来自企业的专业工程师、部分院校一线教师，协同规划和开发了本系列教材。教材以新能源工程实用技术为脉络，依托来自企业多年积累的工程项目案例，将目前行业发展中最实用、最新的新能源专业技术汇集进专业方案和课程方案，编写入专业教材，传递到教学一线，以期为各高职院校的新能源专业教学提供更多的参考与借鉴。

一、整体规划全面系统，紧贴技术发展和应用要求

新能源应用技术系列教材主要包括光伏技术应用，课程的规划和内容的选择具有体系化、全面化的特征，涉及到光电子材料与器件、电气、电力电子、自动化等多个专业学科领域。教材内容紧扣新能源行业和企业工程实际，以新能源技术人才培养为目标，重在提高专业工程实践能力，尽可能吸收企业新技术、新工艺和案例，按照基础应用到综合的思路进行编写，循序渐进，力求突出高职教材的特点。

二、鼓励工程项目形式教学，知识领域和工程思想同步培养

倡导以工程项目的形式开展教学，按项目、分小组、以团队方式组织实施；倡导各团队

成员之间组织技术交流和沟通，共同解决本组工程方案的技术问题，查询相关技术资料，组织小组撰写项目方案等工程资料。把企业的工程项目引入到课堂教学中，针对工程中实际技能组织教学，让学生在掌握理论体系的同时，能熟悉新能源工程实施中的工作技能，缩短学生未来在企业工作岗位上的适应时间。

三、同步开发教学资源，及时有效更新项目资源

为保证本系列课程在学校的有效实施，丛书编委会还专门投入了大量的人力和物力，为系列课程开发了相应的、专门的教学资源，以有效支撑专业教学实施过程中的备课授课，以及项目资源的更新、疑难问题的解决，详细内容可以访问中国水利水电出版社万水分社的万水书苑网站，以获得更多的资源支持。

本系列教材的推出是出版社、院校教师和企业联合策划开发的成果。教材主创人员先后数次组织研讨会开展交流、组织修订以保证专业建设和课程建设具有科学的指向性。来自皇明太阳能集团有限公司、力诺集团、晶科能源有限公司、晶科电力有限公司、越海光通信科技有限公司、山东威特人工环境有限公司、山东奥冠新能科技有限公司的众多专业工程师和产品经理于洪水、彭波、黄小章、姜金国等为教材提供了技术审核和工程项目方案的支持，并承担全书的技术资料整理和企业工程项目的审阅工作。山东理工职业学院的静国梁、曲道宽，威海职业学院的景悦林，菏泽职业学院的王记生，皇明太阳能职业中专的董兆广等都在教材成稿过程中给予了支持，在此一并表示衷心感谢！

本书规划、编写与出版过程历经三年时间，在技术、文字和应用方面历经多次的修订，但考虑到前沿技术、新增内容较多，加之作者文字水平有限，错漏之处在所难免，敬请广大读者批评指正。

丛书编委会

前言

本书是根据山东省技能型特色名校的课程建设要求，以培养高素质高技能型人才为目标，结合现代光伏发电技术的发展趋势而编写的。教材编写积极吸收多年光伏发电电气控制课程的建设经验，在理论上以够用为度，注重培养学生的实践能力，书中选取了大量常用的应用案例，供教学演示和学生动手实践，突出高职高专的教育特色。

本书在内容及章节编排上，以高职高专够用和实用的教学改革为方向，删去了繁琐的理论推导过程，侧重基本分析方法、设计方法和集成电路芯片的应用。

本书的特点包括：

1. 以工作任务引导教与学

以工作任务为导向，由任务入手引入相关知识和理论，通过技能训练引出相关概念、硬件设计与编程技巧，体现做中学、学中做的教学思路，非常适合作为高职高专院校的教材。

2. 任务设计具有针对性、扩展性和系统性，贴近职业岗位需求

全书安排了多个工作任务，针对每个单元具体能力要素的培养目标，精心选择训练任务，避免过大过繁，体现精训精炼。同时，注意能力训练的延展性，每个任务是在前一个任务基础之上进行功能扩展而实现的，训练内容由点到线，由线到面，体现技能训练的综合性和系统性。

3. 编写直观生动，增强可操作性和可读性

在叙述方式上，引入大量与实践相关的图、表，一步步引导学生自己动手完成任务，具有可操作性。原理性内容叙述简约，并适时穿插各种小知识等，表现形式丰富多彩，可读性强。

本书由裴勇生、叶云云、许洪龙任主编，张瑞林、郝传柱、吴方任副主编。在本书编写过程中，董胜英、王玉梅、陈圣林、田晓龙、李飞、王东霞等老师提出了良好建议，王文才、王晨曦、张丁松、李佳炜、尹成栋、卢振楠、武俊洋、赵林涛等都参与了我们许多项目的研发工作，编写了大量的程序代码，在此一并表示感谢，并祝愿他们在以后的工作和生活中一切顺利。此外，还要感谢中国水利水电出版社的祝智敏编辑，在本书的策划和写作中，提出了很好

的建议，特别是对编写方式的策划和项目设计的建议，使得本书能够更好地用于教学。

由于时间紧迫和编者水平有限，书中的错误和缺点在所难免，热忱欢迎读者对本书提出批评和建议。

编 者

2016 年 3 月

目录

1 光伏发电系统电动机单向连续运转控制电路的装调

任务一　接触器控制的电动机连续运转电路装调

知识目标：

1. 掌握相关低压电器的结构、原理、图形符号、文字符号及选用；
2. 掌握电动机连续运转控制电路的工作原理；
3. 了解电气控制电路的装配工艺。

技能目标：

1. 正确选用和使用低压电器；
2. 电动机连续运转控制电路的装配。

【任务描述】

在实际生产过程中，生产设备的运行与停止都需要对拖动电动机进行启动、停止控制；有些生产设备为了实现位置调整还需要进行对电动机进行点动控制。

对电动机的启动、停止控制，是通过运用一些电气器件、按照控制要求组成的控制电路来实现的。要实现对电动机的控制，需要掌握常用低压电器的结构、原理，以及阅读和分析电气控制电路图的方法等相关知识。

【相关知识】

一、常用低压电器

电器是能够根据外界施加的信号和要求自动或手动地断开或接通电路，连续或断续地改变电路参数，以实现对电量或非电量对象的切换、控制、检测、保护、变换和调节的电工器件。

工作在交流 1200V、直流 1500V 电压及以下的电器，称为低压电器，其用途是对供电、用电系统进行通断、控制、保护和调节。根据控制对象的不同，低压电器可分为低压配电电器和控制电器两大类。

1. 闸刀开关

（1）功能：闸刀开关又称为开启式负荷开关，适用于照明、电热设备及小容量（5.5kW及以下）动力电路中，供手动不频繁地接通和断开电路，并具有短路保护作用。

（2）结构：HK1 系列闸刀开关的外形及结构如图 1-1 所示。

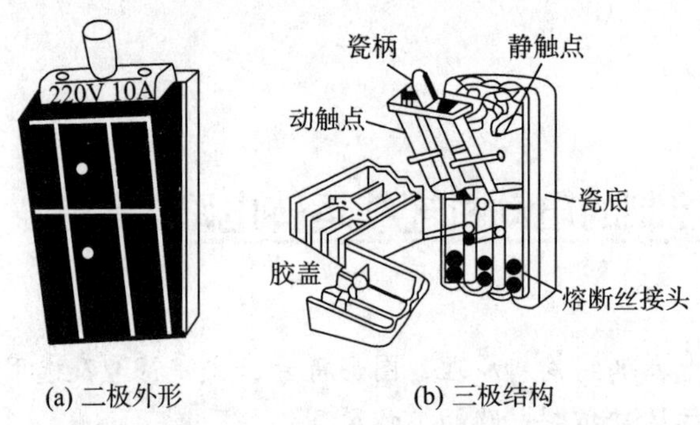

(a) 二极外形　　(b) 三极结构

图 1-1　胶盖闸刀开关外形及结构

闸刀开关主要由操作手柄、触刀、触点座和底座组成。按闸刀数可分为单极、双极和三极。

（3）选用：用于照明和电热负载时，选用额定电压 250V，额定电流不小于电路所有负载额定电流之和的两极开关。开关用于控制电动机直接启动和停止时，选用额定电压 380V 或 500V，额定电流不小于电动机额定电流 3 倍的三极开关。

安装闸刀开关时，应注意将电源线装在静触点上，将用电负荷接在开关的下出线端上。闸刀在和闸状态时，手柄应向上，不可倒装或平装。

（4）符号：刀开关的图形及文字符号如图 1-2 所示。

2. 低压断路器

低压断路器又称自动空气开关或自动空气断路器，按其结构不同分类，低压断路器有装置式和万能式两种。

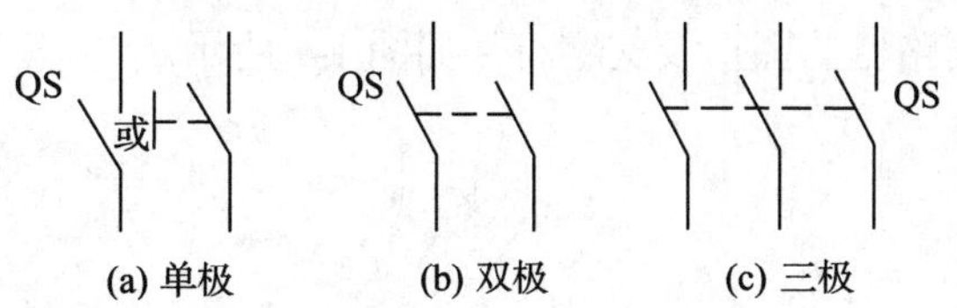

图 1-2　刀开关的图形、文字符号

（1）功能：低压断路器在低压电路中，用于分断和接通负荷电路，控制电动机运行和停止。当电路发生过载、短路、失压、欠压等故障时，能自动地切断故障电路，保护电路和用电设备的安全。

（2）结构及工作原理：低压断路器的外形如图 1-3 所示。

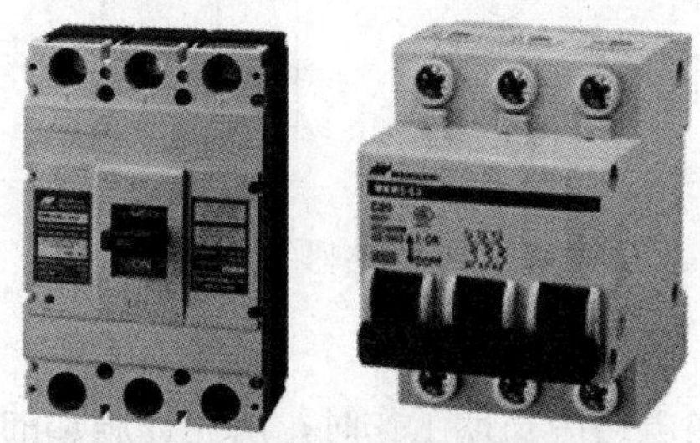

图 1-3　低压断路器外形图

低压断路器主要由触点、灭弧装置和各种脱扣器组成。脱扣器包括过流脱扣器、失压脱扣器、热脱扣器、分励脱扣器和自由脱扣器，它们是断路器的感受元件，当电路出现故障时，脱扣器检测到故障信号后，由脱扣机构带动断路器主触点分断，从而断开主电路。低压断路器的结构示意图如图 1-4 所示。

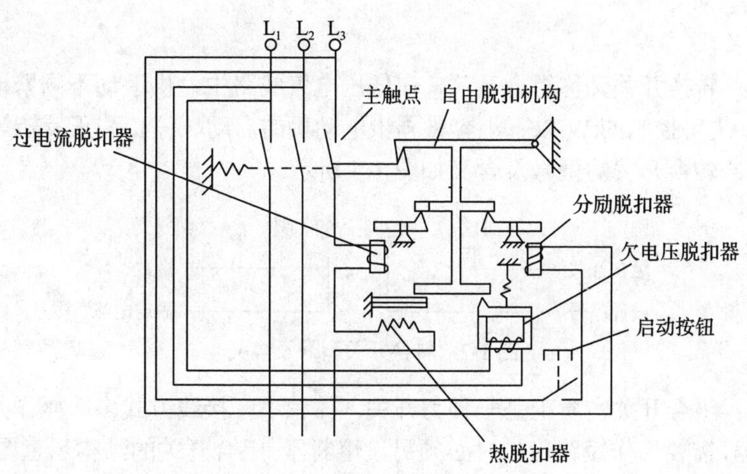

图 1-4　低压断路器的结构示意图

（3）符号：低压断路器的图形及文字符号如图 1-5 所示。

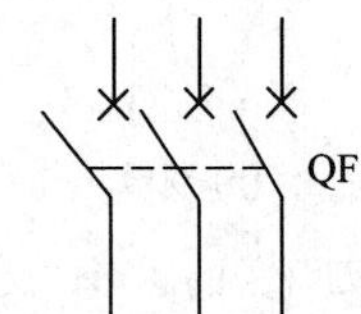

图 1-5　低压断路器的图形及文字符号

（4）型号：低压断路器的型号及含义如图 1-6 所示。

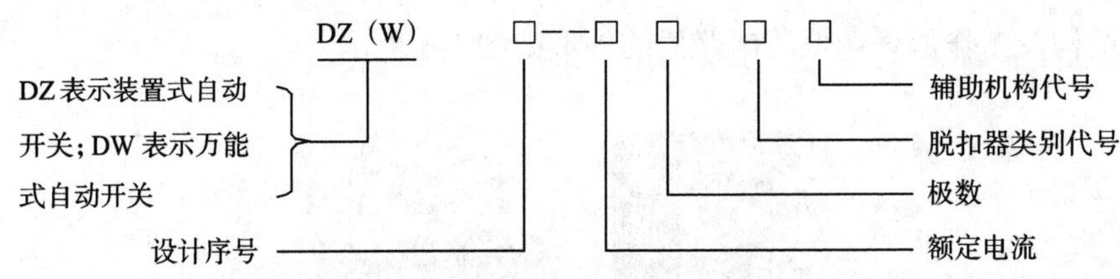

图 1-6　低压断路器的型号及含义

（5）主要参数：

额定电压——指断路器在电路中长期工作时，所允许施加的电源电压。

额定电流——指脱扣器允许长期通过的电流。

断路器的分断能力——指在规定的操作条件下，断路器能接通和断开短路电流的能力。

分断时间——断路器切断故障电流所需的时间。

（6）选用：断路器的额定电压和额定电流应高于线路的正常工作电压和电流；热脱扣器的整定电流应等于所控制负载的额定电流；电磁脱扣器的瞬时脱扣整定电流应不小于电动机启动电流的 1.7 倍。

3. 转换开关

（1）功能：转换开关又称组合开关，在低压电气线路中，供手动不频繁地接通和断开电路、换接电源，也可控制 5kW 以下小容量异步电动机的启动、停止和正反转等。

（2）型号：转换开关的型号及含义如图 1-7 所示。

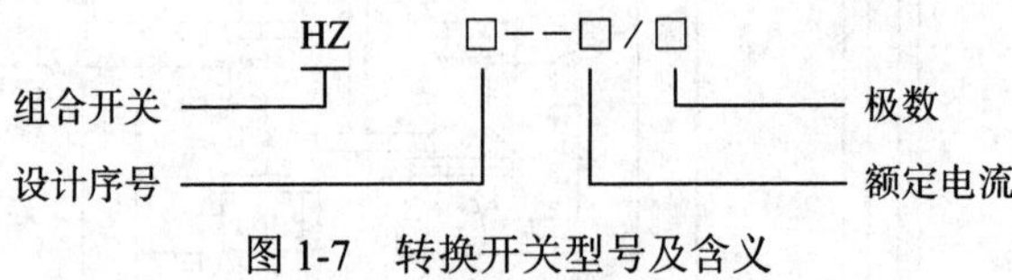

图 1-7　转换开关型号及含义

（3）结构：组合开关实质上是一种刀开关，体积小、接线方式多、操作方便，组合开关本身不带熔断器，需要用作短路保护时必须另设熔断器。组合开关的结构示意图如图 1-8 所示，图形及文字符号如图 1-9 所示。

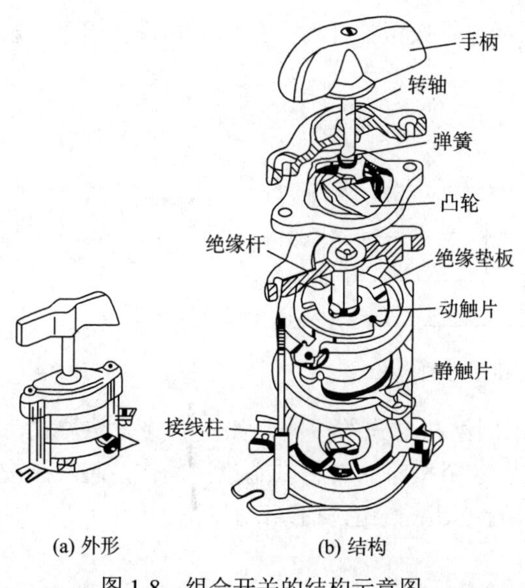

(a) 外形　(b) 结构

图 1-8　组合开关的结构示意图

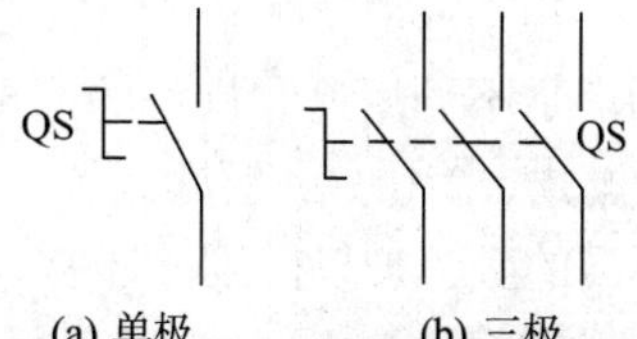

(a) 单极　(b) 三极

图 1-9　组合开关的图形、文字符号

（4）选择：转换开关应根据电源种类、电压等级、所需触点数、接线方式和负载容量进行选择。用于直接控制异步电动机的启动和正反转时，开关的额定电流一般取电动机额定电流的 1.5～2.5 倍。

4. 按钮

（1）用途：按钮是一种短时接通或断开控制电路的手动电器。由于它专门发送命令或信号，所以按钮属于主令电器，也称“主令开关”。按钮的触点允许通过的电流比较小，一般不超过 5A。

（2）结构：按钮开关的外形和结构如图 1-10 所示，图形符号及文字符号如图 1-11 所示。

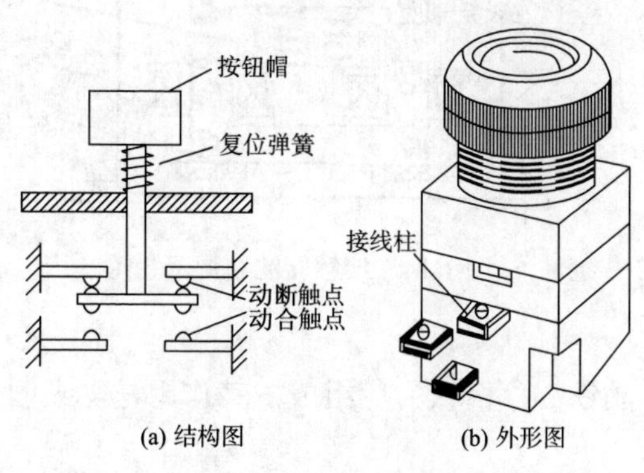

(a) 结构图　(b) 外形图

图 1-10　LA19 系列按钮开关结构及外形图

(a) 启动按钮　(b) 停止按钮　(c) 复合按钮

图 1-11　按钮的图形、文字符号

按钮主要由按钮帽、复位弹簧、动合触点、动断触点、接线柱、外壳等组成。按钮在未受到外力作用时，在复位弹簧作用下已闭合的触点称为动断触点，断开的触点称为动合触点。

当按下按钮时，动断触点先断开，动合触点后闭合，按钮松开后，在复位弹簧作用下，触点又复位，即动断触点闭合，动合触点断开。

（3）型号：按钮的型号及含义如图 1-12 所示。

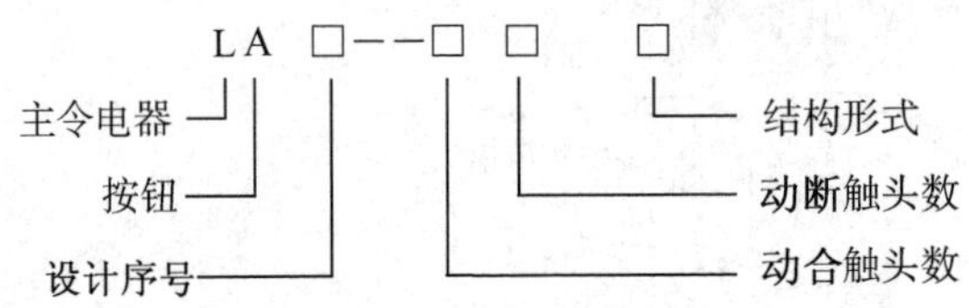

图 1-12　按钮型号的含义

为满足不同用途和操作的需要，可选择不同结构形式的按钮，如开启式、防护式、防水式、隔爆式、旋钮式、钥匙式等按钮。为了识别各个按钮的作用以避免误操作，通常在按钮帽上涂不同的颜色加以区别，通常以红色表示停止按钮，绿色表示启动按钮。

5. 接触器

（1）用途：接触器是一种频繁接通、断开电动机或其他负载主电路的一种控制电器，具有零压和欠压保护功能。

（2）结构：接触器的外形图如图 1-13 所示，接触器的结构示意图如图 1-14 所示。

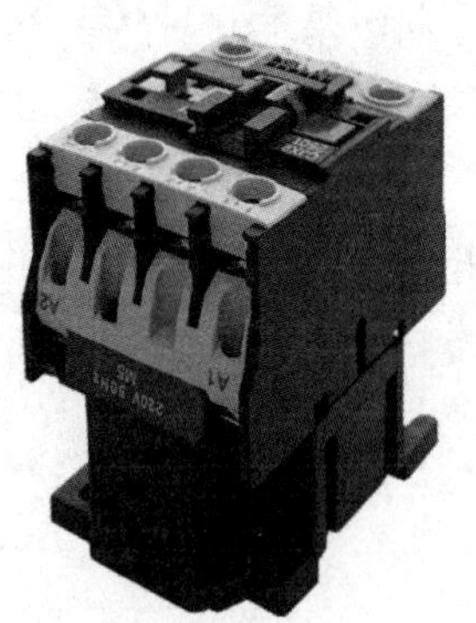

图 1-13　接触器的外形图

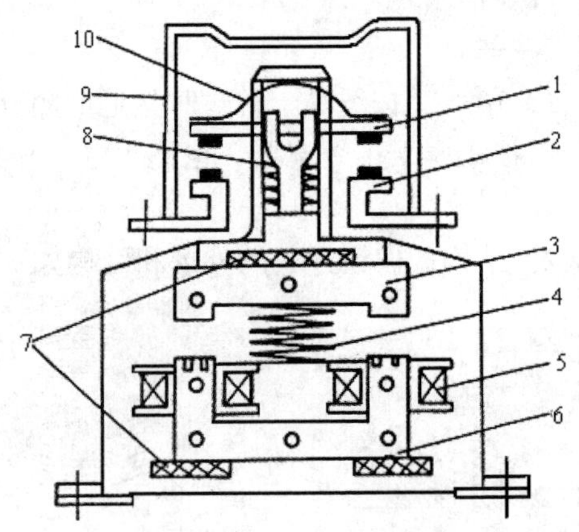

图 1-14　接触器的结构示意图

1）电磁系统

交流接触器的电磁系统由线圈、静铁心、动铁心（衔铁）等组成，其作用是操纵触点的闭合与分断。

2）触点系统

接触器的触点按功能不同分为主触点和辅助触点两类。主触点用于接通和分断电流较大的主电路，体积较大，一般由三对动合触点组成；辅助触点用于接通和分断小电流的控制电路，体积较小，有动合和动断两种。

3）灭弧装置

交流接触器在分断较大电流时，在动、静触点间将产生较强的电弧。电弧不仅灼伤触点，使电路切断时间延长，严重时会造成相间短路。因此在容量稍大接触器（10A 以上），均加装灭弧装置用于熄灭电弧。

4）其他部件

交流接触器除上述三个主要部分外，还包括反作用弹簧、复位弹簧、缓冲弹簧、触点压力弹簧、传动机构、接线柱、外壳等部件。

（3）工作原理：根据电磁感应原理，当接触器电磁线圈接通电源时，线圈电流产生磁场，使静铁心产生足以克服弹簧反作用力的吸力，将动铁心向下吸合，使动合主触点和辅助触点闭合，动断辅助触点断开。主触点将主电路接通，辅助触点则接通或分断与之相连的控制电路。

当线圈断电时，静铁心吸力消失，动铁心在反力弹簧的作用下复位，各触点也随之复位，实现主电路和控制电路分断，因此，接触器具有失压和欠压释放保护功能。

（4）接触器的主要技术参数：

1）额定电压。即接触器正常工作时，主触点所允许施加的电源电压。交流接触器的电压等级为：36V、127V、220V、380V、500V、660V 等。

2）额定电流。即主触点允许长期通过的负荷电流。目前常用的电流等级为 6.3～800A。

3）线圈的额定电压。即接触器线圈正常工作应施加的电压值。交流接触器的常用电压等级如下：36V、127V、220V、380V。

（5）符号：接触器的图形符号和文字符号如图 1-15 所示。

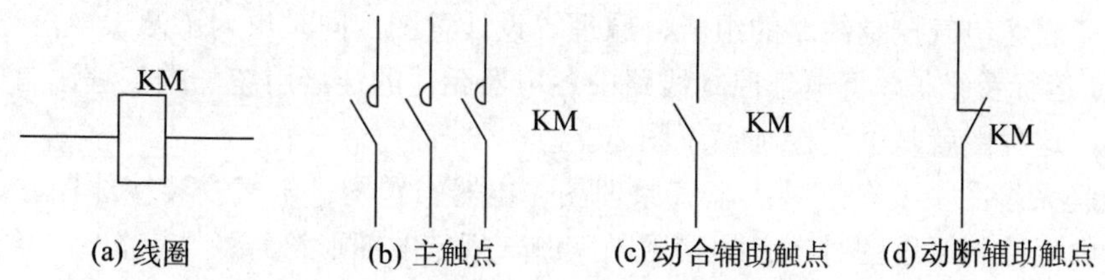

图 1-15　接触器的图形符号和文字符号

（6）型号：国产常用的交流接触器有 CJO、CJ10、CJ12、CJ20 等系列产品，其型号的含义如图 1-16（a）所示。

除了国产交流接触器，我国引进了德国西门子公司的 3TB 系列、BBC 公司的 B 型系列等产品。CJX1 系列交流接触器型号的含义如图 1-16（b）所示。CJX1 系列交流接触器引进德国西门子公司制造技术，性能等同于 3TB、3TF，特性及安装尺寸等同于德国西门子公司生产的 3TB、3TF、3TD。

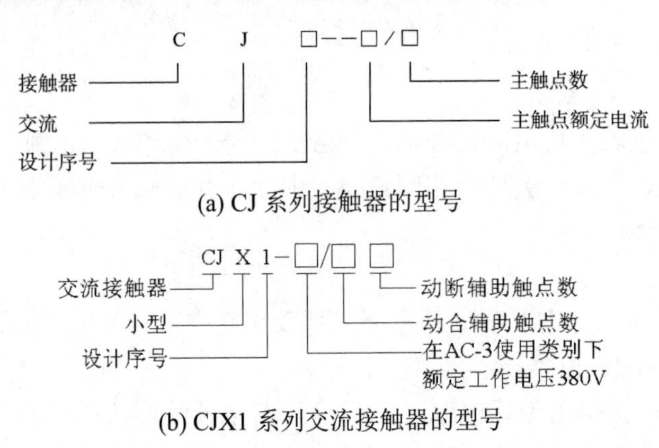

图 1-16　交流接触器的型号

其结构特征为：接触器为双断点触头的直动式运动结构，动作机构灵活，手动检查方便，结构紧凑；触头、磁系统采用封闭结构，粉尘不易进入，能提高寿命；接线端均有防护罩覆盖，使用安全可靠；安装可用螺钉紧固，也可扣装在 35mm 的安装轨上，装卸迅速方便。

（7）选用：

1）接触器主触点的额定电压应大于或等于被控制电路的最高电压。

2）接触器主触点的额定电流应大于被控制电路负载的最大工作电流。

3）接触器线圈的额定电压应与控制电路的电压一致。

4）接触器的触点数量和种类应满足主电路和控制电路的要求。

二、电气控制系统图的识图

电气控制线路是用导线将电动机、电器、仪表等电器元件连接起来并实现某种要求的电气线路。为了表达电气控制线路的组成、原理等设计意图，同时也为了便于电器元件的安装、接线、调试、运行及维护，将电气控制线路中各电器元件的连接用统一的工程语言即工程图的形式来表示，这种图就是电气控制系统图。

电气控制系统图主要有三种：电气原理图、电器布置图、电气安装接线图。为了便于阅读，在绘制电气控制系统图时，必须采用国家统一规定的图形符号、文字符号和绘图方法。

1. 常用电气图形符号和文字符号

随着我国经济的发展，近年来我国从国外引进大量的先进设备，为便于掌握引进的先进技术和设备，加强国际交流和满足国际市场的需要，国家标准局参考国际电工委员会（IEC）颁布的相关文件，对原有的电气制图标准做了大量的修改，颁布了一系列国家标准，主要有：

GB 4728－1985　《电气图用图形符号》

GB 6988－1986　《电气制图》

GB 5094－1985　《电气技术中的项目代号》

GB 7159－1987　《电气技术中的文字符号制定通则》

GB 4026—1983　《电器接线端子的识别和用字母数字符号标志接线端子的通则》。

（1）图形符号

GB 4728—1985 中的图形符号通常用于图样或其他文件，以表示一个设备或概念的图形、标记或字符统，它由一般符号、符号要素、限定符号等组成。

1）一般符号。用来表示一类产品或此类产品特征的一种通常很简单的符号，称为一般符号，如电动机的一般符号为“⊛”，“*”用“M”代替表示电动机，用“G”代替表示发电机。

2）符号要素。一种具有确定意义的简单图形，必须同其他图形组合以构成一个设备或概念的完整符号如电动机的符号“Ⓜ”，就是由表示装置的符号要素“○”加上电动机的英文名称的首字母“M”组合而成。

3）限定符号。用来提供附加信息的一种加在其他符号上的符号，称为限定符号。限定符号不能单独使用，它可使图形符号更具多样性。如在电阻器一般符号的基础上分别加上不同的限定符号，就可得到可变电阻器、压敏电阻器和热敏电阻器。

（2）文字符号

GB 7159—1987 中文字符号适用于电气技术领域中文件的编制，也可表示在电气设备、装置和元器件上或其近旁，以标明电气设备、装置和元器件的名称、功能和特征。文字符号分为基本文字符号和辅助文字符号。

基本文字符号有单字母和双字母符号两种。单字母符号是按拉丁字母将各种电气设备、装置和元器件划分为 23 个大类，每一大类用一个专用单字母符号表示。如“C”表示电容器类，“R”表示电阻器类。双字母符号是由一个表示种类的单字母符号与另一字母组成。其组合形式是单字母符号在前，另一个字母在后的次序列出。如“F”表示保护器件类，而“FU”表示熔断器。

辅助文字符号用来表示电气设备、装置和元器件以及线路的功能、状态和特征。基本由英语单词前面的字母组成，如“E”（Earthing）表示接地、“DC”（Direct Current）表示直流、“OUT”（Output）表示输出等。辅助文字符号也可放在表示种类的单字母符号后边组成双字母符号，如“YB”表示电磁制动器、“SP”表示压力传感器等。为了简化文字符号，若辅助文字符号由两个以上字母组成时，允许只采用其第一位字母进行组合，如“MS”表示同步电动机等。辅助文字符号还可以单独使用，如“ON”表示接通，“PE”表示保护接地等。

（3）接线端子标记

电气控制系统图中各电器接线端子用字母数字符号标记，应符合 GB 4026—1983《电器接线端子的识别和用字母数字符号标志接线端子的通则》中的规定。

三相交流电源引入线采用 L1、L2、L3、N（中性线）、PE（保护接地线）标记。

电源开关之后的三相交流主电路分别用 U、V、W 标记。

电动机的绕组首段分别用 U1、V1、W1 标记，绕组尾端分别用 U2、V2、W2 标记。

控制电路各线号采用三位或三位以下的数字标记，其顺序一般为从左到右、从上到下，凡是被线圈、触点、电阻、电容等元件所间隔的接线端点，都应标以不同的线号。

2. 电气原理图的绘制

电气原理图是根据电路的工作原理绘制的，它表达了所有电器元件的导电部件和接线端子之间的相互关系，但并不按照电器元件的实际布置位置和实际接线情况来绘制，也不反映电器元件的实际大小。电气原理图结构简单、层次分明，通过它可以很方便地阅读和分析电气控制线路，了解控制系统的工作原理，指导系统或设备的安装、调试和维修。

电气原理图一般分为主电路（主回路）和辅助电路（辅助回路）两部分。主电路是从电源到电动机等通过大电流的电路，由熔断器、接触器主触点、热继电器等组成；辅助电路包括控制电路、照明电路、信号电路及保护电路等，由继电器和接触器的线圈、继电器的触点、接触器的辅助触点、按钮、照明灯、信号灯、控制变压器等电器元件组成，辅助电路中流过的是小电流。

图 1-17 所示为电机正反转控制电路原理图，以此为例说明电气原理图的绘制原则。

电气原理图的绘制原则：

1）电气原理图应按国家标准规定的图形符号、文字符号和回路标号绘制。图中各电器元件不画实际的外形图，而采用国家统一规定的标准符号。

2）主电路和辅助电路应分别绘制。主电路用粗实线绘制在图面的左侧或上部，辅助电路用细实线绘制在图面的右侧或下部。

3）各电器元件和部件在控制线路中的位置，应根据便于阅读的原则安排。同一电器元件的各个部件可以不画在一起，但要采用统一的文字符号。例如图 1-17 中的接触器 KM1 的线圈和触点没有画在一起，但都要采用统一的文字符号“KM_1”。同一种类的电气元件用同一字母符号后加数字序号来区分，例如电路中的两个接触器分别用 KM_1 和 KM_2 来表示。

4）所有电器元件的图形符号，均按电器未接通电源和没有受到外力作用时的状态绘制，触点的动作方向必须是：当图形符号垂直绘制时，垂线左侧的触点为动合触点，在垂线右侧的触点为动断触点；当图形符号水平绘制时，水平线下方为动合触点，水平线上方为动断触点。

5）图中电器元件应按功能布置，一般按动作顺序从上到下、从左到右依次排列。

6）电气原理图中，有直接联系的交叉导线连接点要用黑圆点表示，无直接联系的交叉导线连接点不画黑圆点。

7）为了安装和检修方便，电机和电器的接线端均应标记编号。主电路的接线端一般用一个字母附加数字加以区分，辅助电路的接线端用数字标注。

3. 电气原理图的阅读方法

（1）首先了解设备的基本结构、运行情况、工艺要求、操作方法以及设备对电力拖动的要求、电气控制和保护的具体要求，以期对设备有一个总体了解，为阅读电气原理图做准备。

（2）阅读电气原理图中的主电路。了解电力拖动系统是由几台电动机所组成的，结合工艺了解电动机的运行情况（如启动、制动方式，是否正反转，是否调速等），是由什么电器进行控制和保护的。

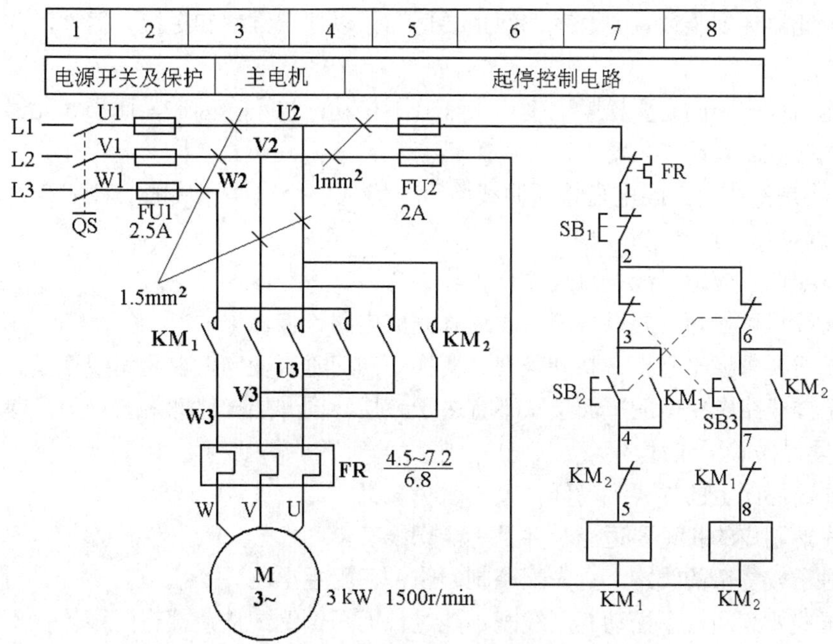

图 1-17　三相异步电动机正反转控制电路图

（3）看电气原理图的控制电路。在掌握电动机控制电路基本环节的基础上，按照设备的工艺要求和运行顺序，分析各个控制环节的工作原理。

（4）根据设备对电气的控制和保护要求，结合设备机、电、液系统的配合情况，分析各环节之间的联系、工作过程和连锁关系。

（5）通观整个电路有哪些保护环节。有些电器的工作情况可结合电气安装图来进行分析。

（6）再看电气原理图的其他辅助电路。

三、电气安装的工艺要求

1. 电气安装的工艺要求

（1）仔细检查各个器件是否良好，规格型号是否符合要求。

（2）刀开关应垂直安装，合闸后手柄应向上，分闸后手柄应向下，不许平装或倒装。受电端应在开关的上方，负荷端应在开关的下方，保证分闸后闸刀不带电。空气开关与刀开关安装方法相同。组合开关安装应使手柄旋转在水平位置为分断状态。

（3）RL 系列螺旋熔断器的受电端应为其底座的中心端。RTO、RM 等系列熔断器应垂直安装，其上端为受电端。

（4）带电磁吸引线圈的时间继电器应垂直安装，以保证继电器断电后，动铁心释放后的运动方向符合重力向下的方向。

（5）各元器件安装位置要合理，间距要适当，以便于维修和更换元器件，并且排列要整齐、匀称。

（6）元器件安装固定要松紧适度，保证既不松动，也不会因过紧而损坏元器件。

2. 导线明敷配线的工艺要求

明敷配线是指在电气配电盘正面明线敷设，完成整个电路连接的一种配线方法。一般应注意以下几点：

（1）装配前，应把导线拉直拉平，去除小弯。

（2）配线尽可能短，要以最简单的形式完成电路连接。

（3）排线要求横平竖直，整齐美观。变换走向应垂直变向，杜绝斜线连接。

（4）主控线路在空间的平面层次不宜多于三层。同一层导线间隔要均匀，除过短的行线外，一般要紧贴敷设面走线。

（5）同一层面上的导线应高低一致，避免交叉。

（6）线端剥皮的长短要适当，并且不能伤线芯。

（7）对于较复杂的线路，宜先配控制回路，后配主电路。

（8）压线要牢固、不松动。压线既不能过长而压倒绝缘皮，裸露的导体也不能过多。

（9）元器件的接线端子，应该直压线的必须用直压法；应当圈压线的必须圈压线，并避免反圈压线。一个接线端子要避免“一点压三线”。

（10）盘外电器与盘内电器的连接导线必须经过接线端子排连接。

（11）主控回路应穿套号码管（回路编号），便于装配和维修。

3. 线槽配线的工艺要求

（1）根据行线多少和导线截面，估算和确定线槽的规格型号。配线后，宜使导线约占线槽空间的 70%。

（2）规划线槽的走向，并按一定尺寸合理地裁割线槽。

（3）线槽换向应拐直角弯，衔接方式宜用横、竖各 45° 角对插方式。

（4）线槽与元器件之间的间隔要适当，以便于压线和换件。

（5）线槽安装要牢固。

（6）所有行线的两端，应正确地套装与电气原理图一致编号的号码管。

（7）应避免线槽内的行线过短或过紧，应留有少量裕量，并尽量减少槽内交叉。

四、电动机连续运转控制电路

图 1-18 为用接触器控制实现电动机连续运转的控制电路。图 1-18（a）为主电路。工作时合上刀开关 QS，三相电源经过 QS、熔断器 FU_1、接触器的主触点 KM、热继电器热元件 FR 至三相交流电动机，形成电动机控制的主电路。

图 1-18（b）为最简单的点动控制电路。所谓点动，即按下按钮 SB_2，接触器 KM 线圈得

电，接触器主触点闭合，电动机运行；松开按钮 SB_2，接触器 KM 线圈失电，接触器主触点断开，电动机停止运行。

图 1-18（c）为电动机连续运行控制电路。所谓连续运行，是指按下按钮 SB_2，接触器线圈得电，主触点闭合使电动机运行后，即使再松开按钮 SB_2 后，接触器线圈仍能得电吸和。电路控制原理如下：按下按钮 SB_2，接触器线圈得电吸和，主触点闭合，电动机运转，同时接触器的辅助动合触点闭合，即使按钮 SB_2 断开，接触器的线圈仍能通过其闭合的动合触点维持线圈得电，电动机连续运行。并联在启动按钮 SB_2 两端的接触器辅助动合触点，称为自锁触点。停止时，按下停止按钮 SB_1，接触器线圈失电，主触点断开电动机交流电源，同时其辅助动合触点也断开。

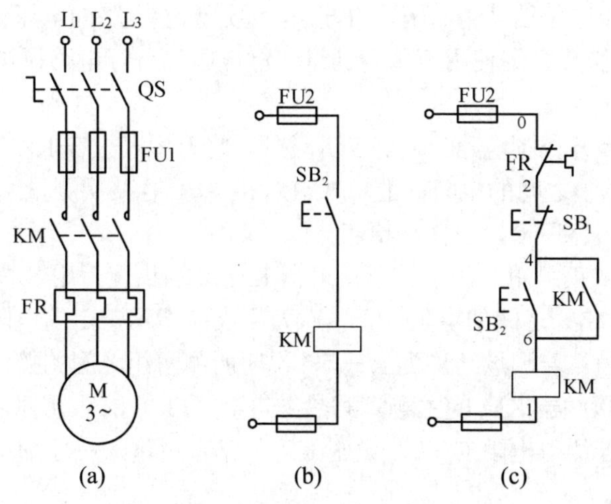

图 1-18　电动机连续运行控制电路

【任务实施】电动机连续运转控制电路的安装与调试

一、制作工具、器材选择

按图 1-18（c）电路选择器件，器件清单如下：三相交流电动机 1 台（2.2kW）、交流接触器 1 个（380V，10A）、热继电器 1 个（整定电流 5A）、10A 熔断器 3 个、5A 熔断器 2 个、启动按钮 1 个（绿色）、停止按钮 1 个（红色）、隔离开关 1 个（用 16A 低压断路器代替）、万用表 1 块、电工工具、导线若干、电路装配网板一块。

二、电动机连续运转控制电路的安装

（1）电气元件（熔断器、热继电器、接触器、按钮、电动机）的选择及检测。

（2）根据图 1-18（c）所示的电路原理图绘制位置图，在装配网板上布置、固定电气元件，安装线槽。

（3）绘制接线图，在装配网板上按接线图的走线方法采用板前槽配线的配线方式布线。

（4）安装电动机。

（5）连接电动机金属外壳的保护接地线。

（6）连接电源、电动机等控制盘外部的导线。

（7）自检布线的正确性、合理性、可靠性及元件安装的牢固性。

三、电路调试

电路的调试可在电路没有接通电源的情况下，通过用万用表的欧姆挡“测电阻”的方法测量电路的通、断，来初步判断电路连接是否正确，进行电路调试；或者在电路接通电源的情况下，通过万用表交流电压挡“测电压”的方法，通过测量电路的电压值进行电路调试。结合图 1-18 电路原理图，简要介绍使用万用表通过“测电阻”进行电路调试的方法。

1. 主电路调试

取下 FU_2 熔体，断开控制电路，装好 FU_1 熔体，将万用表拨在 R×1k 电阻挡位，分别测量开关 QS 下端三接线端子之间的电阻，正常时均为 $R\to\infty$。若某次测量结果为 $R\to 0$，这说明所测两相之间的接线有短路现象，应仔细检查排除故障。

取下接触器 KM 的灭弧罩，用手按下接触器 KM 动触头，万用表拨在 R×1 电阻挡位，分别测量三个熔断器（FU_1）之间的电阻，正常时万用表应指示一定的电阻值，此电阻值是电动机定子绕组间的电阻值。若测量结果为 $R\to\infty$，说明所测两相之间的接线有断路现象，应仔细检查熔断器（FU_1）、接触器 KM 的主触点和热继电器（FR）的热元件以及主电路接线是否有断路，找出断路点；若测得电阻 $R\to 0$，说明上述电路有短路，应仔细检查，找出故障点。

2. 控制电路调试

装好 FU2 熔体，用万用表 R×1 电阻挡分别测量 0、2，0、4 之间的电阻，若 $R\to 0$ 说明热继电器 FR、停止按钮 SB_1 动断触点闭合正常；若 $R\to\infty$，说明上述两元件动断触点或接线有断路，应进一步检查。然后再测标号 1、6 之间的电阻值，电路应导通且有一定的电阻值，此电阻值为接触器线圈的直流电阻。万用表测量 0、1 之间的电阻，电阻应 $R\to\infty$；按下启动按钮 SB_2，万用表应指示接触器线圈的直流电阻值。若上述测量结果均正常，初步说明电路连接基本正常，可通电试车。

四、通电试车

检查三相电源，将热继电器按电动机的额定电流整定好，在一人操作一人监护下进行通电试车。

（1）空载试验。拆掉电动机的连线，合上开关 QS。按下启动按钮 SB_2，接触器 KM 线圈应通电动作并能自保持；按下停车按钮 SB_1，接触器 KM 应能释放。重复操作几次，检查电路动作的可靠性。

（2）带负载试车。断开电源，恢复电动机连接线，并作好停车准备。合上开关 QS，接通电源，按下启动按钮 SB_2，电动机应能启动并运行（注意电动机运行的声音是否正常）；按下停止按钮 SB_1，电动机应能自由停车。如电路动作不正常，应切断电源对主电路和控制电路进一步检查，直到动作正确为止。

【能力考评】

配分、评分标准见表 1-1。

表 1-1　配分、评分标准评

<table>
<tr><th>项目内容</th><th>配分</th><th colspan="4">评 分 标 准</th><th>扣分</th></tr>
<tr><td>安装前检查</td><td>15</td><td colspan="4">1．电动机质量检查，每漏一处扣 5 分
2．元器件检查漏检或错检每处扣 2 分</td><td></td></tr>
<tr><td>安装元件</td><td>15</td><td colspan="4">1．元件布置不整齐、不均匀、不合理，每只扣 3 分
2．元件安装不牢固，每只扣 3 分
3．安装元器件时漏装木镙钉，每只扣 1 分
4．元件损坏每只扣 15 分</td><td></td></tr>
<tr><td>布　线</td><td>30</td><td colspan="4">1．不按电路图接线扣 25 分
2．布线不符合要求：主电路每根扣 4 分，控制线路每根扣 2 分
3．接点松动、漏铜过长、压绝缘层、反圈等，每处扣 1 分
4．损伤导线绝缘或线芯，每根扣 2 分
5．漏套或错套编码管，每处扣 2 分
6．漏接接地线扣 10 分</td><td></td></tr>
<tr><td>通电试车</td><td>40</td><td colspan="4">1．热继电器未整定或整定错扣 5 分
2．主、控电路熔体规格配错各扣 5 分
3．第一次试车不成功扣 20 分，第二次试车不成功扣 30 分，第三次试车不成功扣 40 分</td><td></td></tr>
<tr><td>安全文明生产</td><td colspan="6">违反安全文明生产扣 5～40 分</td></tr>
<tr><td>额定时间 100 分钟</td><td colspan="6">每超过 5 分钟，扣 5 分</td></tr>
<tr><td>备　注</td><td colspan="4">除定额时间外，各项目最高扣分不应超过配分数</td><td>成　绩</td><td></td></tr>
<tr><td>开始时间</td><td></td><td>结束时间</td><td></td><td>实际时间</td><td colspan="2"></td></tr>
</table>

思考与练习

1．刀开关在电路中的主要功能是什么？刀开关能否断开短路电流？

2．低压断路器可以对电气线路和设备起哪些保护作用？

3．按钮在电动机控制电路中起什么作用？

4．接触器由哪几部分组成？其在电路中的功能是什么？接触器是否具有欠压保护功能？

5. 绘制电气原理图的原则是什么？
6. 线槽配线应注意哪些事项？
7. 什么是自锁？

任务二　电动机连续运行 PLC 控制电路

知识目标：

1. 了解 PLC 的产生、特点、应用；
2. 理解 PLC 的性能和控制功能；
3. 掌握 PLC 基本组成、工作原理及基本编程语言。

技能目标：

熟悉 PLC 的硬件结构。

【任务描述】

传统的接触器控制系统具有结构简单、价格低廉、容易操作、技术难度较小等优点，被长期广泛地应用在工业控制的各个领域中，但继电器控制系统也存在电路连线复杂、控制功能单一、可靠性差等缺点。可编程序控制器（PLC）具有系统组成简单，可在不改变硬件电路接线的情况下，通过修改程序改变系统的控制功能，可靠性高等优点，越来越多地应用在各种工业控制系统中。为正确使用 PLC，需要了解 PLC 的基本知识。

【相关知识】

一、PLC 的产生及定义

1. PLC 的产生

1968 年，美国通用汽车公司为了适应汽车型号的不断翻新，提出了这样的设想：把计算机的功能完善、通用灵活等优点与继电器接触器控制简单易懂、操作方便、价格便宜等优点结合起来，制成一种通用控制装置，以取代原有的继电器控制线路；并要求把计算机的编程方法和程序输入方法加以简化，用“自然语言”进行编程，使得不熟悉计算机的人也能方便地使用。美国数字设备公司（DEC）根据以上设想和要求，在 1969 年研制出第一台可编程控制器（PLC），并在通用汽车公司的汽车生产线上使用并获得了成功，这就是第一台 PLC 的产生。当时的 PLC 仅有执行继电器逻辑控制、计时、计数等较少的功能。

2. PLC 的发展

从 PLC 产生至今，已经发展到第四代产品。其过程基本可分为：

第一代 PLC（1969－1972 年）：大多用一位机开发，用磁芯存储器存储，只具有单一的逻辑控制功能，机种单一，没有形成系列化。

第二代 PLC（1973－1975 年）：采用了 8 位微处理器及半导体存储器，增加了数字运算、传送、比较等功能，能实现模拟量的控制，开始具备自诊断功能，初步形成系列化。

第三代 PLC（1976－1983 年）：随着高性能微处理器及位片式 CPU 在 PLC 中大量地使用，PLC 的处理速度大大提高，从而促使它向多功能及联网通信方向发展，增加了多种特殊功能，如浮点数的运算、三角函数、表处理、脉宽调制输出等，自诊断功能及容错技术发展迅速。

第四代 PLC（1983 年至今）：不仅全面使用 16 位、32 位高性能微处理器，高性能位片式微处理器，RISC（Reduced Instruction Set Computer，精简指令系统）CPU 等高级 CPU，而且在一台 PLC 中配置多个微处理器，进行多通道处理，同时生产了大量内含微处理器的智能模块，使得第四代 PLC 产品成为具有逻辑控制功能、过程控制功能、运动控制功能、数据处理功能、联网通信功能的真正名符其实的多功能控制器。

正是由于 PLC 具有多种功能，并集三电（电控装置、电仪装置、电气传动控制装置）于一体，使得 PLC 在工厂中备受欢迎，用量高居首位，成为现代工业自动化的三大支柱（PLC、机器人、CAD/CAM）之一。

3. PLC 的定义

可编程逻辑控制器（Programmable Logic Controller，PLC）是一种带有指令存储器、数字的或模拟的输入/输出接口，以位运算为主，能完成逻辑、顺序、定时、计数和运算等功能，用于控制机器或生产过程的自动化控制装置。

由于 PLC 的发展，使其功能已经远远超出了逻辑控制的范围，因而用“PLC”已不能描述其多功能的特点。1980 年，美国电气制造商协会（NEMA）给它起了一个新的名称，叫“Programmable Controller”，简称 PC。由于 PC 这一缩写在我国早已成为个人计算机（Personal Computer）的代名词，为避免造成名词术语混乱，因此在我国仍沿用 PLC 表示可编程控制器。

二、PLC 的特点及应用

1. PLC 的主要特点

可编程序控制器是现代计算机技术与传统继电接触器控制技术相结合的产物，专用于工业控制环境，具有许多其他控制器件所无法相比的优点。

（1）可靠性高、抗干扰能力强

PLC 是专为工业控制而设计的，在设计与制造过程中均采用了屏蔽、滤波、光电隔离等有效措施，并且采用模块式结构，有故障迅速更换，故 PLC 可平均无故障运行 2 万小时以上。此外，PLC 还具有很强的自诊断功能，可以迅速方便地检查判断出故障，缩短检修时间。

（2）编程简单，使用方便

编程简单是 PLC 优于微机的一大特点。目前大多数 PLC 都采用与实际电路接线图非常相近的梯形图编程，这种编程语言形象直观，易于掌握。

（3）功能强、速度快、精度高

PLC 具有逻辑运算、定时、计数等很多功能，还能进行 D/A、A/D 转换，数据处理，通信联网，并且运行速度很快、精度高。

（4）通用性好

PLC 品种多，档次也多，许多 PLC 制成模块式，可灵活组合。

（5）设计、安装、调试周期短

（6）易于实现机电一体化

2. PLC 的应用领域

目前，在国内外 PLC 已广泛应用于冶金、石油、化工、建材、机械制造、电力、汽车、轻工、环保及文化娱乐等各行各业，随着 PLC 性能价格比的不断提高，其应用领域不断扩大。从应用类型看，PLC 的应用大致可归纳为以下几个方面：

（1）开关量逻辑控制

利用 PLC 最基本的逻辑运算、定时、计数等功能实现逻辑控制，可以取代传统的继电器控制，用于单机控制、多机群控制、生产自动线控制等。

（2）运动控制

大多数 PLC 都有拖动步进电机或伺服电机的单轴或多轴位置控制模块，这一功能广泛用于各种机械设备，如对各种机床、装配机械、机器人等进行运动控制。

（3）过程控制

大、中型 PLC 都具有多路模拟量 I/O 模块和 PID 控制功能，有的小型 PLC 也具有模拟量输入输出。所以 PLC 可实现模拟量控制，而且具有 PID 控制功能的 PLC 可构成闭环控制，用于过程控制。这一功能已广泛用于锅炉、反应堆、水处理、酿酒以及闭环位置控制和速度控制等方面。

（4）数据处理

现代的 PLC 都具有数学运算、数据传送、转换、排序和查表等功能，可进行数据的采集、分析和处理，同时可通过通信接口将这些数据传送给其他智能装置，如计算机数值控制（CNC）设备，进行处理。

（5）通信联网

PLC 的通信包括 PLC 与 PLC、PLC 与上位计算机、PLC 与其他智能设备之间的通信，PLC 系统与通用计算机可直接或通过通信处理单元、通信转换单元相连构成网络，以实现信息的交换，并可构成“集中管理、分散控制”的多级分布式控制系统，满足工厂自动化（FA）系统发展的需要。

三、可编程控制器的结构组成和工作原理

1. PLC 的硬件结构组成

PLC 的结构多种多样，但其组成的一般原理基本相同，都是采用以微处理器为核心式的

结构。硬件系统主要由中央处理器（CPU）、存储器（RAM、ROM）、输入接口（I）、输出接口（O）、扩展接口、编程器和电源等几部分组成，如图 1-19 所示。其内部采用总线结构进行数据和指令的传输。外部的各种信号送入 PLC 的输入接口，在 PLC 内部进行逻辑运算或数据处理，最后以输出变量的形式经输出接口，驱动输出设备进行各种控制。各部分的功能介绍如下：

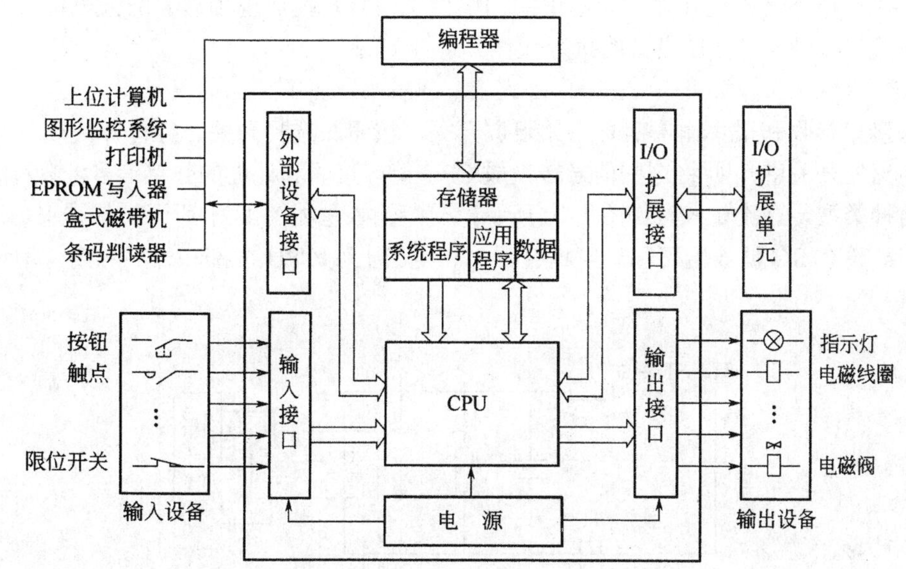

图 1-19 PLC 结构示意图

（1）中央处理器（CPU）

CPU 是 PLC 控制系统的核心，它控制着整个 PLC 系统有序地运行。PLC 控制系统中，PLC 程序的输入和执行、PLC 之间或 PLC 与上位机之间的通信、接收现场设备的状态和数据都离不开该模块。CPU 模块还可以进行自我诊断，即当电源、存储器、输入/输出端子、通信等出现故障时，它可以给出相应的指示或做出相应的动作。

（2）存储器单元

PLC 中的存储器主要用来存放系统程序、用户程序和数据。

1）系统程序存储器

系统程序存储器存放 PLC 生产厂家编写的系统程序，固化在 PROM 和 EEPROM 中，用户不能修改。

2）用户程序存储器

用户程序存储器可分程序存储区和数据存储区。程序存储区存放用户编写的控制程序，用户用编程器写入 RAM 或 EEPROM。数据存储区存放程序执行过程中所需或产生的中间数据，包括输入输出过程映像、定时器、计数器的预置值和当前值。

（3）输入/输出接口

输入/输出接口又称 I/O 接口，是联系外部现场和 CPU 模块的桥梁。用户设备输入 PLC 的各种控制信号，如限位开关、按钮、选择开关、行程开关以及其他一些传感器输出的开关量或模拟量（要通过模数变换进入机内）等，通过输入接口电路将这些信号转换成中央处理单元能够接收和处理的信号。

输出接口电路将中央处理单元送出的弱电控制信号转换成现场需要的强电信号输出，以驱动电磁阀、接触器等被控设备的执行元件。

1）输入接口

输入接口接收和采集输入信号（如限位开关、按钮、选择开关、行程开关以及其他一些传感器输出的开关量），并将这些信号转换成 CPU 能够接受和处理的数字信号。输入接口电路通常有两种类型，直流输入型如图 1-20 所示，交流输入型如图 1-21 所示，从图中可以看出，两种类型都设有 RC 滤波电路和光电耦合器，在电气上使 CPU 内部和外界隔离，增强了抗干扰能力。

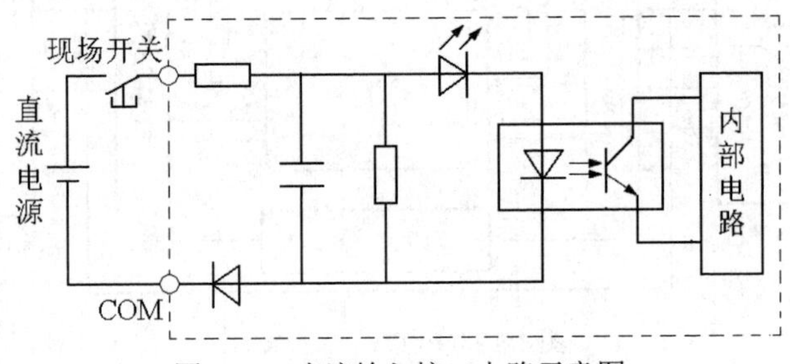

图 1-20　直流输入接口电路示意图

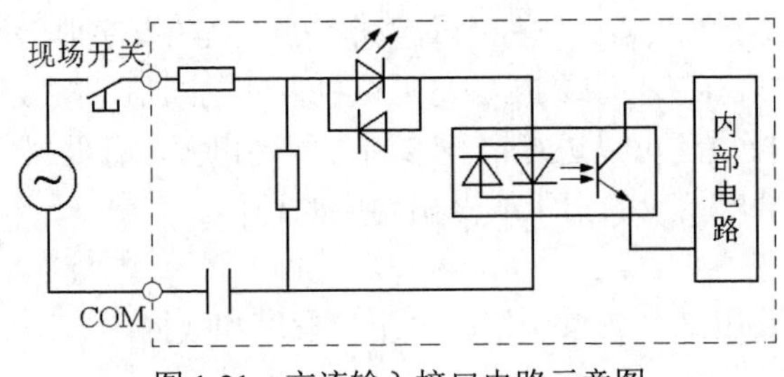

图 1-21　交流输入接口电路示意图

2）输出接口

输出接口将经中央处理器单元 CPU 处理过的输出数字信号传送给输出端的电路元件，以控制其接通或断开，从而驱动接触器、电磁阀、指示灯、数字显示装置和报警装置等。

为适应不同类型的输出设备负载，PLC 的接口类型有继电器输出型、双向晶闸管输出型和晶体管输出型三种，分别如图 1-22、图 1-23 和图 1-24 所示。其中继电器输出型为有触点输出方式，可用于接通或断开开关频率较低的直流负载或交流负载回路，这种方式存在继电器触点的电气寿命和机械寿命问题；双向晶闸管和晶体管输出型皆为无触点输出方式，开关动作快、寿命长，可用于接通或断开开关频率较高的负载回路，其中双向晶闸管输出型只用于带交流负载，晶体管输出型则只用于带直流负载。

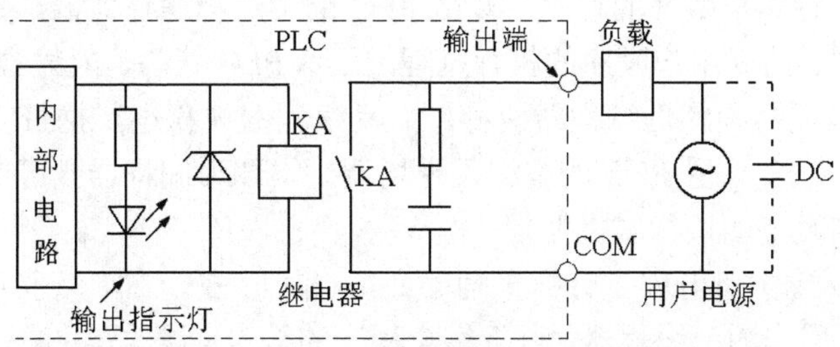

图 1-22　继电器输出接口电路示意图

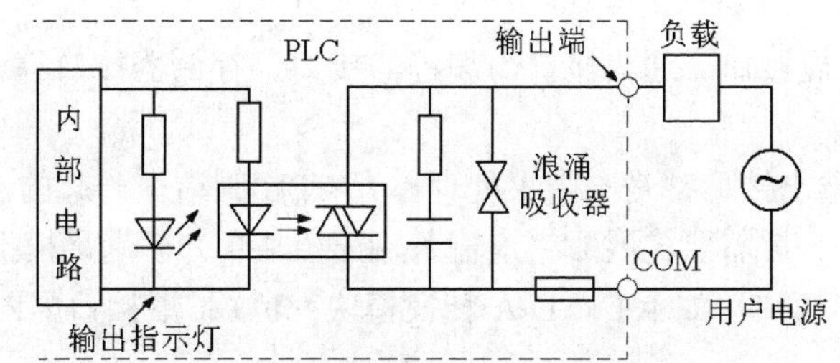

图 1-23　双向晶闸管输出接口电路示意图

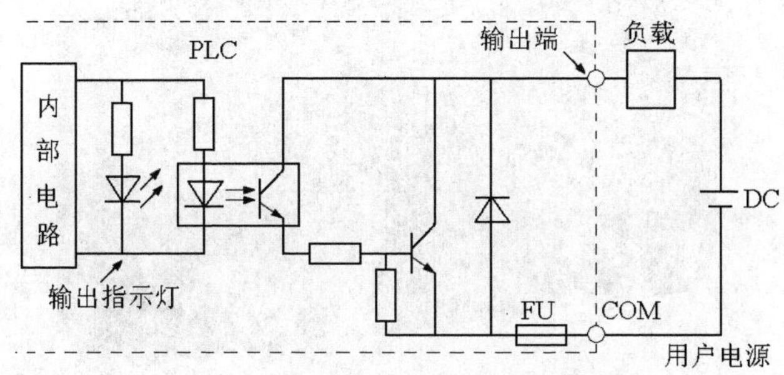

图 1-24　晶体管输出接口电路示意图

从三种类型的输出电路可以看出，继电器、双向晶闸管和晶体管作为输出端的开关元件受 PLC 的输出指令的控制，完成接通或断开与相应输出端相连的负载回路的任务，它们并不向负载提供电源。

负载工作电源的类型、电压等级和极性应该根据负载要求以及 PLC 输出接口电路的技术性能指标确定。

（4）电源单元

PLC 配有开关电源，以供内部电路使用。与普通电源相比，PLC 电源的稳定性好、抗干扰能力强。对电网提供的电源稳定度要求不高，一般允许电源电压在其额定值±15%的范围内波动。许多 PLC 还向外提供直流 24V 稳压电源，用于给外部传感器供电。

（5）编程器

编程器的作用是将用户编写的程序下载至 PLC 的用户程序存储器，并利用编程器检查、修改和调试用户程序，监视用户程序的执行过程，显示 PLC 状态、内部器件及系统的参数等。

编程器有简易编程器和图形编程器两种。简易编程器体积小，携带方便，但只能用语句形式进行联机编程，适合小型 PLC 的编程及现场调试。图形编程器既可用语句形式编程，又可用梯形图编程，同时还能进行脱机编程。

目前 PLC 制造厂家大都开发了计算机辅助 PLC 编程支持软件，当个人计算机安装了 PLC 编程支持软件后，可用作图形编程器，进行用户程序的编辑、修改，并通过个人计算机和 PLC 之间的通信接口实现用户程序的双向传送、监控 PLC 运行状态等。

（6）其他接口

其他接口有 I/O 扩展接口、通信接口、编程器接口、存储器接口等。

1）I/O 扩展接口

小型的 PLC 输入输出接口都是与中央处理单元 CPU 制造在一起的，为了满足被控设备输入输出点数较多的要求，常需要扩展数字量输入输出模块；为了满足模拟量控制的要求，常需要扩展模拟量输入输出模块，如 A/D、D/A 转换模块；I/O 扩展接口如图 1-25 所示。

图 1-25　PLC 扩展接口连接图

2）通信接口

通信接口用于 PLC 与计算机、PLC、变频器和文本显示器（触摸屏）等智能设备之间的连接，实现 PLC 与智能设备之间的数据传送，如图 1-26 所示。

2. PLC 工作原理

（1）PLC 的工作过程

PLC 采用周期循环扫描的工作方式。PLC 对用户程序的执行过程是 CPU 的循环扫描并周期性地集中采样、集中输出的方式来完成的。这个工作过程一般包括五个阶段：内部处理、与编程器等的通信处理、输入扫描、用户程序执行、输出处理。其工作过程如图 1-27 所示。

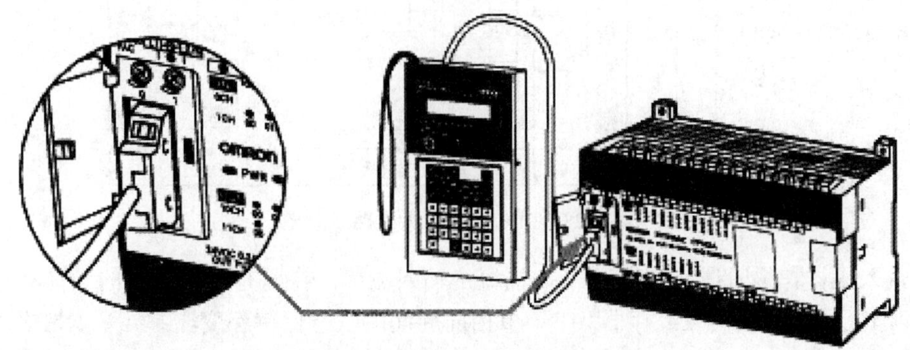

图 1-26　通信接口的连接示意图

1）上电初始化

PLC 上电后，首先对系统进行初始化，包括硬件初始化，I/O 模块配置检查、停电保持范围设定及清除内部继电器、复位定时器等。

2）CPU 自诊断

在每个扫描周期须进行自诊断，通过自诊断对电源、PLC 内部电路、用户程序的语法等进行检查，一旦发现异常，CPU 使异常继电器接通，PLC 面板上的异常指示灯 LED 亮，内部特殊寄存器中存入出错代码并给出故障显示标志。

3）与外部设备通信

与外部设备通信阶段，PLC 与其他智能装置、编程器、终端设备、彩色图形显示器、其他 PLC 等进行信息交换，然后进行 PLC 工作状态的判断。

PLC 有 STOP 和 RUN 两种工作状态，如果 PLC 处于 STOP 状态，则不执行用户程序，将通过与编程器等设备交换信息，完成用户程序的编辑、修改及调试任务；如果 PLC 处于 RUN 状态，则将进入扫描过程，执行用户程序。

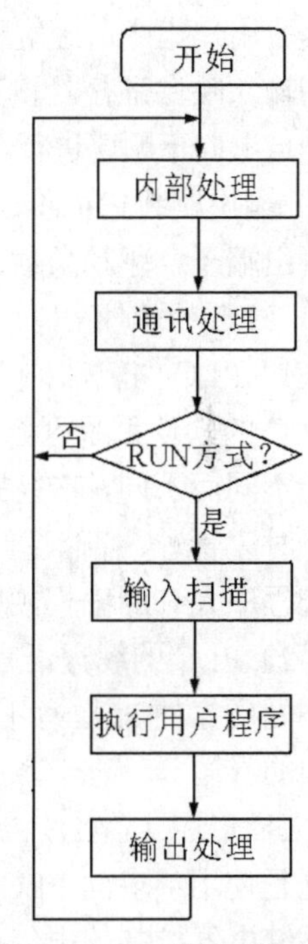

图 1-27　PLC 工作过程示意图

4）扫描过程

PLC 以扫描方式把外部输入信号的状态存入输入映像区，再执行用户程序，并将执行结果输出存入输出映像区，直到传送到外部设备。

（2）用户程序循环扫描

PLC 对用户程序进行循环扫描分为输入采样、程序执行和输出刷新三个阶段，如图 1-28 所示。

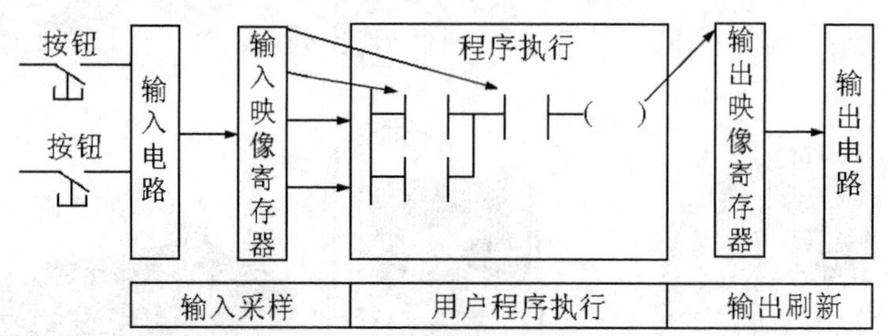

图 1-28　PLC 系统等效电路示意图

1）输入采样扫描阶段：PLC 逐个扫描每个输入端口，将所有输入设备的当前状态保存在相应的存储区又称输入映像寄存器，在一个扫描周期中状态保持不变，直至下个扫描周期又开始采样。

2）执行用户程序扫描阶段：PLC 采样完成后进入程序执行阶段。CPU 从用户程序存储区逐条读取用户指令，经解释后执行，产生的结果送入输出映像寄存器，并更新。在执行的过程中用到输入映像寄存器和输出映像寄存器的内容为上一个扫描周期执行的结果。程序执行自左到右、自上向下顺序进行。

3）输出刷新扫描阶段：在此阶段将输出映像寄存器的内容传送到输出锁存器中，经接口送到输出端子，驱动负载。

3. PLC 的软件

（1）PLC 的软件构成

PLC 的软件系统可分为系统程序和用户程序两大类。系统程序是厂家编写的程序，随 PLC 的功能不同而不同，它包括管理程序、用户指令解释程序和供系统调用的标准程序模块等，主要用于时序管理、存储空间分配、系统自检和用户程序翻译等；用户程序是用户根据控制要求，按系统程序允许的编程规则，用厂家提供的编程语言编写的程序。

（2）PLC 的编程语言

不同厂家的 PLC 有不同的编程语言。现以西门子 PLC 的编程语言为例，说明各种编程语言之间的异同。

1）梯形图（LAD）

这是使用最多的 PLC 编程语言。因与继电器电路很相似，具有直观易懂的特点，很容易被熟悉继电器控制的电气人员掌握，特别适合数字量逻辑控制，不适合编写大型控制程序。

梯形图由触点、线圈和用方框表示的指令构成。触点代表逻辑输入条件，线圈代表逻辑运算结果，指令方框用来表示定时器、计数器或数学运算等指令。

2）语句表（STL）

语句表语言是采用计算机汇编语言类似的助记符来描述程序的一种程序设计语言，语句由操作码和操作数组成，多条语句组成一个程序段。语句表适合经验丰富的程序员使用，可以实现某些梯形图不能实现的功能。

3）顺序功能图（SFC）

这是位于其他编程语言之上的图形语言，用来编制顺序控制的程序。编写时，工艺过程被划分为若干个顺序出现的步，每步中包括控制输出的动作，从一步到另一步的转换由转换条件控制，特别适合生产制造过程。

其他编程语言请见有关参考资料。

在西门子 S7-200 系列 PLC 的编程软件 STEP7-Micro/WIN 中，主要用 LAD、STL 方式编写用户程序。

【任务实施】

一、器材准备

任务实施所需器材见表 1-2。

表 1-2　任务实施器件准备

器材名称	数量
PLC 基本单元 CPU224	1 个
计算机	1 台
电动机正反转控制模拟装置	1 个
控制开关	4 个
导线	若干
交、直流电源	1 套
电工工具及仪表	1 套

二、实施步骤

1. 程序输入

连接 PLC 主机和计算机，接通 PLC 电源，打开 S7-200 编程软件，建立电动机连续运行 PLC 控制项目，输入梯形图程序，如图 1-29 所示。

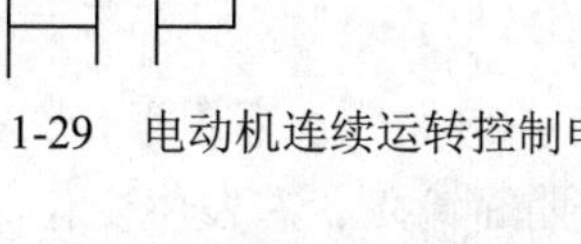

I0.0　I0.1　Q0.0　Q0.0

```
LD   I0.0
O    Q0.1
AN   I0.1
=    Q0.0
```

图 1-29　电动机连续运转控制电路的梯形图与语句表程序

2. 系统安装接线

根据图 1-29 所示的 PLC 输入/输出接线图接线。系统输出接触器 KM 用实训装置上的 1 个指示灯模拟（电源使用 12V）。安装接线时注意各触点要牢固，同时，要注意文明操作，接线需在断电的情况下进行。

3. 系统调试

确定硬件接线正确后，合上 PLC 电源开关和输出回路电源开关，进行系统模拟调试。

闭合电动机启动按钮的模拟开关，观察接触器 KM_1 的指示灯是否点亮；闭合模拟停止按钮的开关。

如果显示结果不符合要求，观察输入及输出回路是否接线错误，检查程序是否有误。排除故障后重新送电，再次观察运行结果，直到符合要求为止。

【能力考评】

任务考核点及评价标准见表 1-3。

表 1-3　任务考核点及评价标准

序号	考评内容	考核方式	考核要求	评分标准	配分	扣分	得分
1	硬件接线	教师评价+互评	正确进行 I/O 分配能正确进行 PLC 外围接线	1．I/O 分配错误，每处扣 2 分 2．PLC 端口使用错误，每处扣 4 分	30		
2	软件编程	教师评价+互评	能根据控制系统的要求和硬件接线，编写出控制梯形图程序和语句表程序	1．梯形图程序错误，每处扣 1 分 2．语句表程序错误，每处扣 1 分	40		
3	系统调试	教师评价+互评	能熟练地将程序下载到 PLC 中，并能快速、正确地调试好程序	1．不能将程序下载到 PLC 中，扣 5 分 2．程序调试不正确，扣 5 分	30		

思考与练习

1．PLC 有哪些主要功能？

2．PLC 的基本结构及各部分的作用是什么？

3．简述 PLC 的工作原理。

4．PLC 的特点是什么？

5．简述 PLC 的三种输出接口电路的特点。它们分别适用于什么类型的负载？

6．在一个扫描周期中，如果在程序执行期间输入状态发生变化，则输入映像寄存器的状态是否也随之改变？为什么？

2

光伏发电系统电动机的正反转控制电路的装调

任务一　接触器控制的电动机正反转控制电路装调

知识目标：

1. 常用低压电器（FR、FU、行程开关）的结构、原理及应用、图形符号及文字符号;
2. 掌握三相异步电动机正反转电路的组成及工作原理;
3. 理解互锁的概念。

技能目标：

1. 能够绘制三相异步电动机正反转控制电路的原理图、接线图;
2. 能够制作电路的安装工艺计划;
3. 会按照工艺计划进行电路的安装、调试和维修。

【任务描述】

生产机械的运动部件往往要求实现正反两个方向的运动，这就要求拖动机械设备的电动机能实现正反转。由异步电动机的工作原理可知，改变电动机三相电源的相序，即可改变电动机的旋转方向。

【相关知识】

一、常用的低压电器

1. 熔断器

（1）功能：熔断器是一种利用熔化作用而切断电路的保护电器，在低压配电系统和电动机控制电路中起短路保护作用。

（2）种类：熔断器的种类很多，常用的有无填料瓷插式熔断器、无填料封闭管式熔断器、有填料螺旋式熔断器和快速熔断器等。

1）瓷插式熔断器

瓷插式熔断器又名插入式熔断器，由瓷座、瓷盖、静触点、动触点、熔丝等组成，瓷座中部有一个空腔，与瓷盖的凸出部分组成灭弧室，图 2-1 所示为 RC1A 系列瓷插式熔断器的结构示意图。它具有结构简单、价格低廉、熔丝更换方便等优点，应用非常广泛。

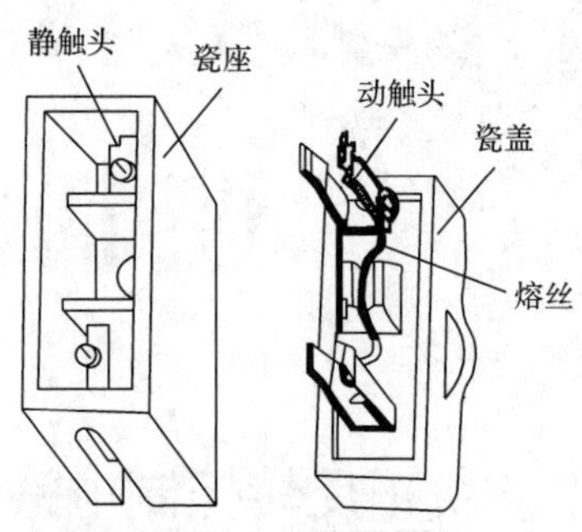

图 2-1　插入式熔断器的结构

插入式熔断器主要用于低压分支电路的保护，因其分断能力较小，常用于照明电路中。

2）螺旋式熔断器

螺旋式熔断器主要由瓷帽、熔体（熔芯）、瓷套、上下接线柱及底座等组成，图 2-2 所示为 RL1 系列螺旋式熔断器的结构示意图。熔断器熔芯内除装有熔丝外，还填有灭弧的石英砂；熔芯上盖中心装有标有红色的熔断指示器，当熔丝熔断时，指示器脱出，从瓷盖上的玻璃窗口可检查熔芯是否完好。螺旋式熔断器具有体积小、结构紧凑、熔断快、分断能力强、熔丝更换方便、使用安全可靠、熔丝熔断后能自动指示等优点，在机床电路中被广泛使用。

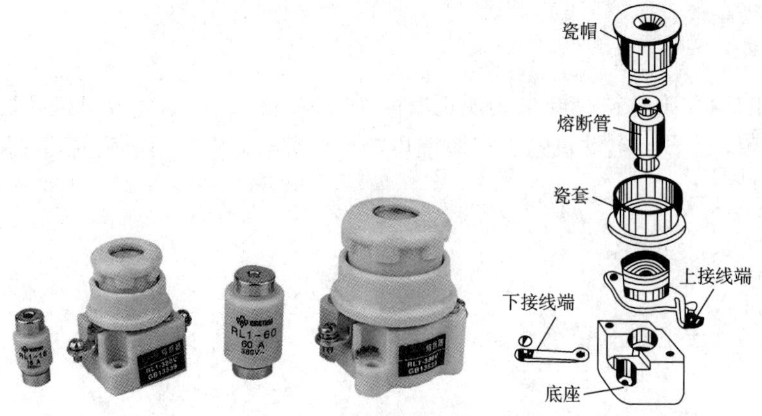

图 2-2　螺旋式熔断器的结构

3）其他熔断器

RT18 系列有填料封闭管式熔断器，如图 2-3 所示。适用于交流 50Hz，额定电压为 380V，额定电流为 63A 及以下的工业设备电气控制装置中，作为电路的短路保护。

NGT、NGT－C（RS3）系列快速熔断器，如图 2-4 所示。快速熔断器具有分断能力高、限流特性好、功率损耗低、周期性负载稳定等特点，能可靠地保护半导体器件及成套装置。

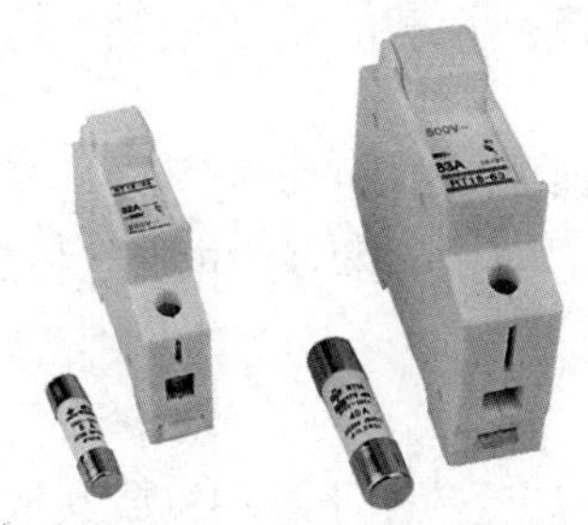

图 2-3　RT18 系列有填料熔断器

图 2-4　快速熔断器

（3）熔断器的主要技术参数

1）额定电压：熔断器的额定电压是指熔断器长期工作时和分断后能够承受的电压，其值一般等于或大于电气设备的额定电压。

2）额定电流：熔断器的额定电流是指保证熔断器长期正常工作的电流，即长期通过熔体不使其熔断的最大电流。熔断器的额定电流应大于或等于所装熔体的额定电流。

3）极限分断能力：熔断器的极限分断电流是指熔断器在额定电压下，能可靠分断的最大短路电流。它取决于熔断器的灭弧能力，与熔体额定电流无关。

（4）熔断器的型号、电气图形及文字符号

熔断器的型号及含义如图 2-5 所示。

熔断器的图形及文字符号如图 2-6 所示。

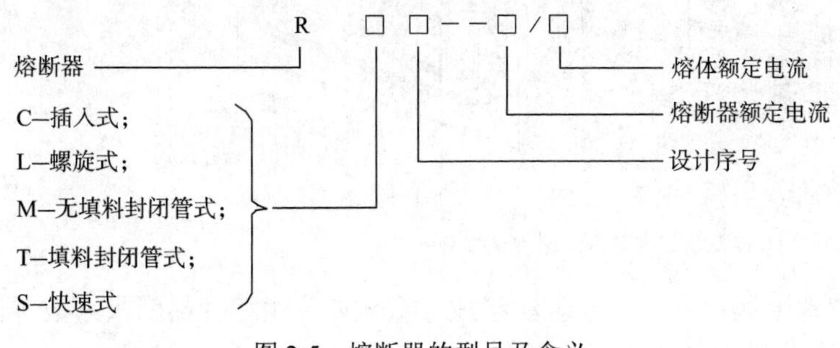

图 2-5　熔断器的型号及含义

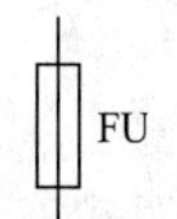

图 2-6　熔断器的图形、文字符号

（5）熔断器的选用

选择熔断器时应从以下几个方面考虑：

1）熔断器类型的选择

根据负载的保护和短路电流的大小，选择熔断器的类型。负载为照明或容量较小的电动机，宜采用 RC1A 系列熔断器；用于低压配电线路的保护熔断器，当短路电流较大时宜采用 RL1 系列熔断器，当短路电流很大时，宜采用 RT0 及 RT12 系列熔断器。

2）熔体额定电流的选择

对于电炉、照明等电阻性负载，熔体的额定电流应大于或等于负载的额定电流。

对电动机负载，熔体的额定电流计算如下：

对于单台电动机 $I_{er} \geqslant (1.5 \sim 2.5)I_e$；对于多台电动机的短路保护，熔体的额定电流 I_{er} 应不小于最大一台电动机额定电流 I_{emax} 的 $1.5 \sim 2.5$ 倍，加上同时使用的其他电动机额定电流之和 ΣI_e。

2. 热继电器

（1）功能

热继电器是利用电流的热效应原理工作的一种保护电器，广泛应用于电动机或其他负载的过载保护。

（2）外形与结构

热继电器的外形及结构图如图 2-7 所示。它由热元件、触点、动作机构、复位按钮和整定电流装置五部分组成。

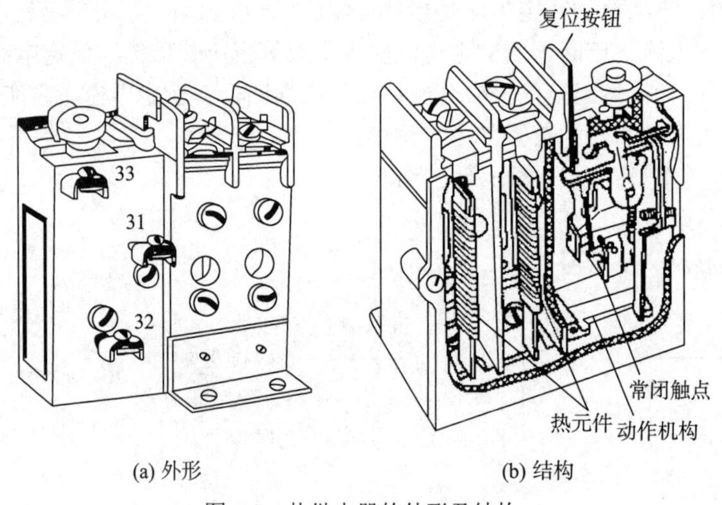

(a) 外形　　(b) 结构

图 2-7　热继电器的外形及结构

热元件由双金属片及绕在双金属片外面的电阻丝组成，双金属片由两种热膨胀系数不同的金属片复合而成。使用时，将电阻丝直接串联在异步电动机的主电路中，如图 2-8 中的 1-1′及 2-2′。热元件有两相结构和三相结构两种。

热继电器的触点有两副，由一个公共动触点 12、一个动合触点 14 和一个动断触点 13 组成。图 2-7（a）中，31 为公共动触点 12 的接线柱，33 为动合触点 14 的接线柱，32 为动断触点 13 的接线柱。动作机构由导板 6、补偿双金属片 7、推杆 10、杠杆 12 和拉簧 15 等组成。复位按钮 16 是热继电器动作后进行手动复位的按钮。

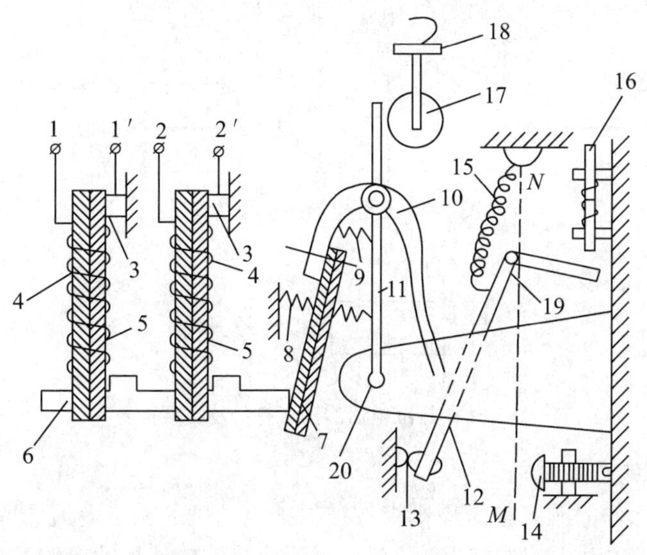

图 2-8 热继电器动作原理图

整定电流装置由旋钮 18 和偏心轮 17 组成，通过它们来调节整定电流（热继电器长期不动作的最大电流）的大小。在整定电流调节旋钮上刻有整定电流的标尺，旋动调节旋钮，使整定电流的值等于电动机额定电流即可。

（3）工作原理

热继电器实际应用时，将双金属片与发热元件串接在电动机的主电路中，动触点与静触点串接于电动机的控制电路中。当电动机过载时，过载电流通过图 2-8 中串联在定子电路中的电阻丝 4，使之发热过量，双金属片 5 受热膨胀，因膨胀系数不同，膨胀系数较大的左边一片的下端向右弯曲；通过导板 6 推动补偿双金属片 7 使推杆 10 绕轴转动，带动杠杆 12 使它绕轴 19 转动，将动断触点 13 断开。动断触点 13 通常串联在接触器的线圈控制电路中，当它断开时，接触器的线圈断电，主触点释放，使电动机脱离电源得到保护。

（4）热继电器的主要技术参数

热继电器的主要技术参数是整定电流。所谓整定电流是指长期通过发热元件而不动作的最大电流。电流超过整定电流的 20%时，热继电器应在 20min 内动作，超过的值越大，则动作时间越短。整定电流的大小在一定范围内可以通过旋转凸轮旋钮来调节。选用热继电器时，应使其整定电流等于电动机的额定电流。

热继电器的其他技术参数还包括额定电压、额定电流、相数以及热元件编号等。

（5）热继电器的常用型号及图形、文字符号

目前国产的热继电器，常用的有 JR20、JR16、JR15、JR14 等系列产品。引进产品有德国

ABB 公司的 T 系列、法国 TE 公司的 LR1-D 系列、德国西门子公司的 3UA 系列等。

热继电器的型号及含义如图 2-9 所示，图形符号及文字符号如图 2-10 所示。

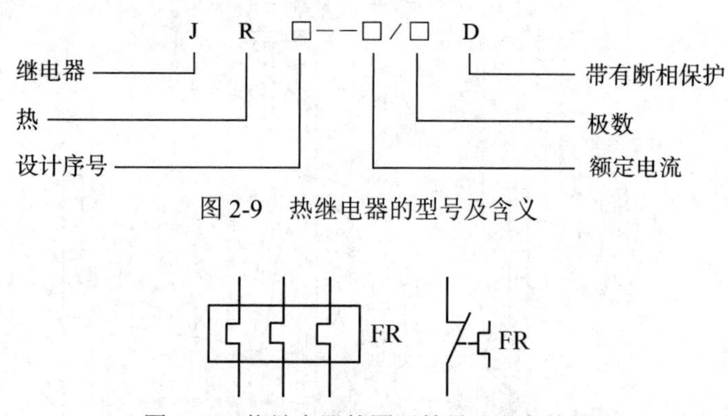

图 2-9 热继电器的型号及含义

图 2-10 热继电器的图形符号及文字符号

（6）热继电器的选择原则

热继电器的热元件的额定电流原则上按被保护电动机的额定电流选取，即热元件的额定电流应接近或略大于电动机的额定电流。对于星形连接的电动机及电源对称性较好的场合，可选用两相结构的热继电器；对于三角形连接的电动机或电源对称性不好的场合，可选用三相结构或三相带断相保护的热继电器。

3. 行程开关

（1）作用：行程开关又叫限位开关或位置开关，是一种常用的主令电器。其功能是将机械位移信号转换为电信号，实现控制系统对生产机械的行程进行控制或限位保护。

（2）行程开关种类：行程开关的种类很多，按结构可分为直动式、滚动式和感应式。

1）直动式行程开关

直动式行程开关的外形和动作原理示意图如图 2-11 所示。

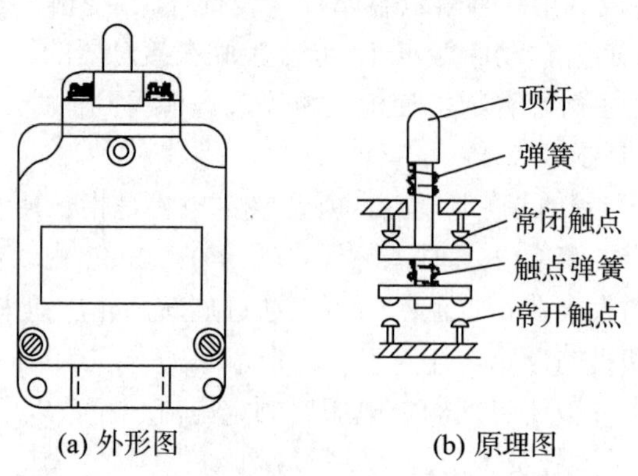

(a) 外形图 (b) 原理图

图 2-11 直动式行程开关的外形和动作原理图

直动式行程开关的结构与按钮相似，有一个突出的推杆（碰头），当生产机械的限位档快运行碰到推杆 3 时，动触点 1 与静触点 2 组成的动断触点断开，动合触点闭合，把机械位移转换为电信号。这种开关的优点是结构简单、价格低廉，缺点是分合速度取决于限位档快的运动速度，如果运动速度较慢，则电弧在触点上停留的时间过长，容易烧蚀触点。

2）滚轮旋转式限位开关

对于某些运动速度较低的生产机械或根据运动方式的要求，可以采用滚轮旋转式限位开关，其外型和结构如图 2-12 所示。当滚轮受到向左的外力作用时，上转臂向左旋转，并通过扭力弹簧带动推杆向右运动，并压缩右边的弹簧，同时下面的小滚轮沿着插杆向右运动，小滚轮滚动时又压缩弹簧，当滚轮走过摇杆的中点后，扭力弹簧和弹簧都将使摇杆迅速转动，因而使触点迅速与右边的静触点分开，并与左边的静触点闭合，这样就减少了电弧对触点的烧蚀，并保证了动作的可靠性。当滚轮上的外力消失后，弹簧使开关复位。

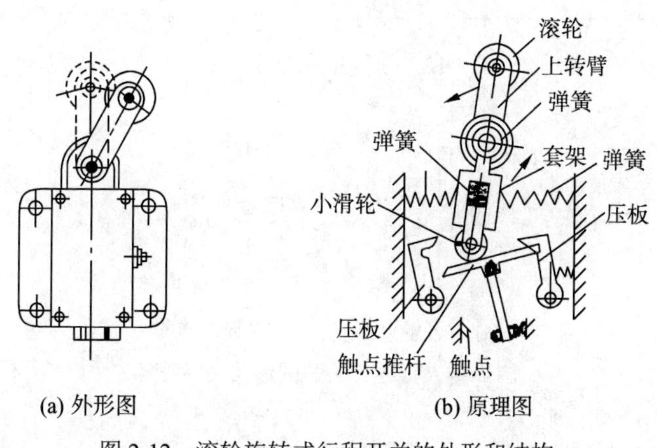

(a) 外形图　　(b) 原理图

图 2-12　滚轮旋转式行程开关的外形和结构

（3）行程开关的型号与电气图形符号及文字符号：行程开关的型号含义如图 2-13 所示，图形符号及文字符号如图 2-14 所示。

4．接近开关

接近式位置开关是一种非接触式的位置开关，简称接近开关。它由感应头、高频振荡器、放大器和外壳组成。当运动部件与接近开关的感应头接近时，就使其输出一个电信号。

接近开关包括电感式和电容式两种。电感式接近开关的感应头是一个具有铁氧体磁心的电感线圈，只能用于检测金属体。振荡器在感应头表面产生一个交变磁场，当金属块接近感应头时，金属中产生的涡流吸收了振荡的能量，使振荡减弱以至停振，因而存在振荡和停振两种信号，经整形放大器转换成二进制的开关信号，从而起到“开”“关”的控制作用。

常用的电感式接近开关型号有 LJ1、LJ2 等系列，电容式接近开关型号有 LXJ15、TC 等系列产品。接近开关的外形及图形和文字符号如图 2-15 所示。

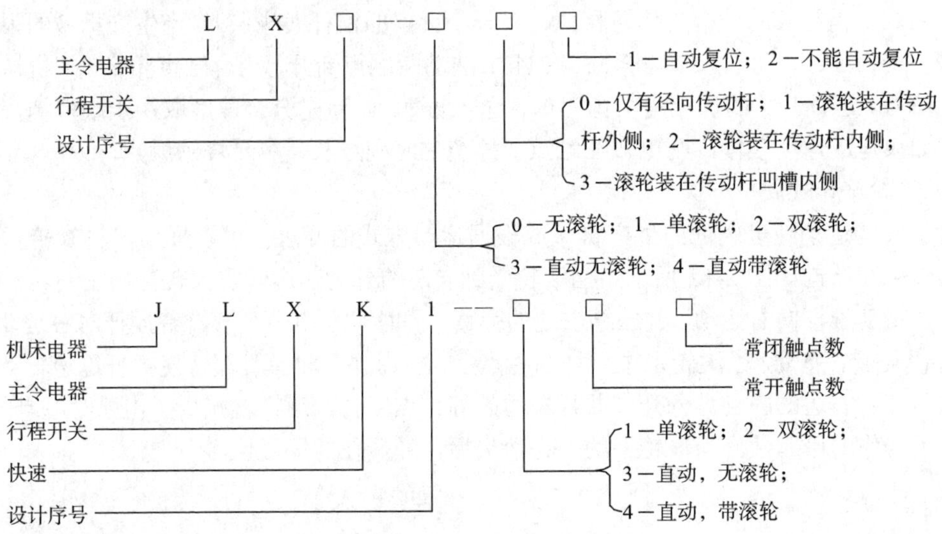

图 2-13　行程开关的型号及含义

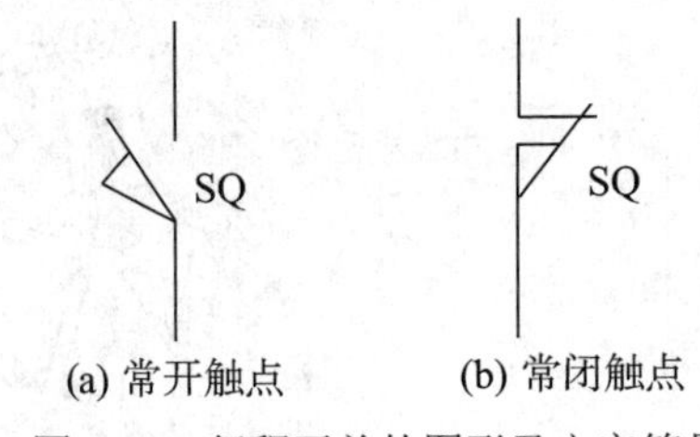

图 2-14　行程开关的图形及文字符号

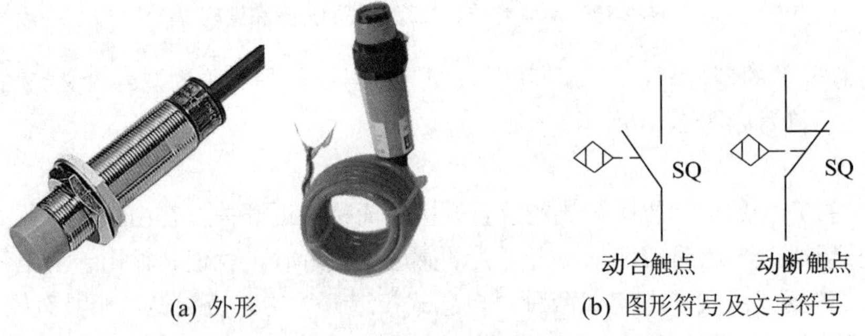

图 2-15　接近开关的外形及图形和文字符号

二、电动机正反转控制电路

1. 电动机正反转控制的基本原理

由电机原理可知，若使电动机反向运转，只要改变电动机三相电源的相序即可。用接触器控制电机正反转，可采用两个接触器，其中一个接触器吸和时，电机加上正相序电源，另一个接触器吸和时，给电机加反相序的电源。一定注意，两个接触器不能同时吸和，否则，会引起电源的短路

2. 接触器控制的电机正反转控制电路

电动机正反转控制电路如图 2-16 所示。图 2-16 中，接触器 KM_1 为正转接触器，KM_2 为反转接触器。电路的工作原理如下：

（1）正向启动过程。按下启动按钮 SB_2，接触器 KM_1 线圈通电，接触器 KM_1 主触点闭合，接通电动机正相序电源，电动机正向转动；同时与 SB_2 并联的 KM_1 的辅助动合触点闭合，此时即使松开按钮 SB_2，也能保证 KM_1 线圈持续通电，与 SB_2 并联的 KM_1 的辅助动合触点称为自锁触点；串联在 KM_2 线圈回路中的 KM_1 辅助动断触点断开，断开 KM_2 线圈回路，保证在 KM_1 吸和时，不能让 KM_2 吸和。

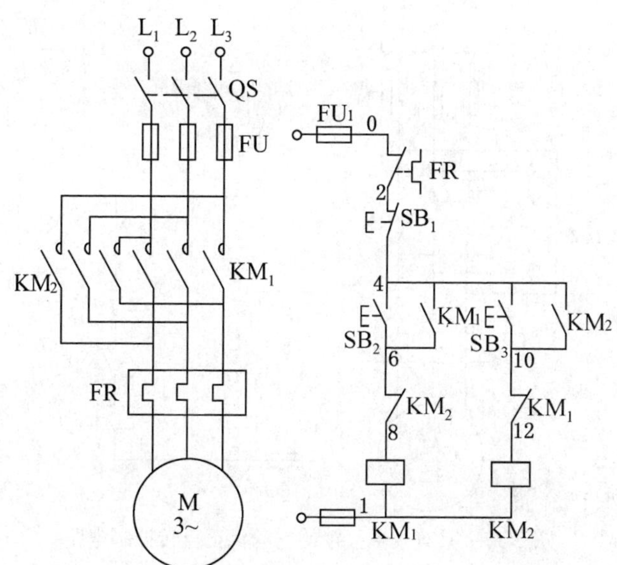

图 2-16 接触器控制的电动机正反转控制电路

（2）停止过程。按下停止按钮 SB_1，接触器 KM_1 线圈断电，KM_1 的主触点断开，切断电动机定子电源，电动机停转；与 SB_2 并联的 KM_1 的辅助动合触点断开，即使停止按钮松开，其动断触点闭合，也能保证 KM_1 线圈持续失电；同时，串联在 KM_2 线圈回路中的 KM_1 辅助动断触点闭合。

（3）反向启动过程。按下启动按钮 SB_3，接触器 KM_2 线圈通电，接触器 KM_2 主触点闭合，接通电动机反相序电源，电动机反向转动；同时与 SB_3 并联的 KM_2 的辅助动合触点闭合，此时即使松开按钮 SB_3，也能保证 KM_2 线圈持续通电，与 SB_3 并联的 KM_2 的辅助动合触点也称为自锁触点；串联在 KM_1 线圈回路中的 KM_2 辅助动断触点断开，断开 KM_1 线圈回路，保

证在 KM_2 吸和时，不能让 KM_1 吸和。

图 2-11 中，将 KM_1、KM_2 正反转接触器的动断辅助触点互相串联接在对方线圈控制回路中，形成相互制约的关系，使 KM_1 吸和时，KM_2 的线圈不能得电；同样，在 KM_2 吸和时，KM_1 的线圈不能得电。这种相互制约的关系称为触点互锁，起互锁作用的动断辅助触点称为互锁触点，用接触器的触点实现互锁控制，也称为电气互锁。

此电路存在的问题是：电路在具体操作时，若电动机处于正转状态，若使电动机反转，必须先按停止按钮，使接触器 KM_1 失电后，再按反转启动按钮，电机才能反向运转。因此，此电路只能构成正－停－反的操作顺序。

为进一步提高互锁的可靠性，控制电路可采用电气互锁和机械互锁双重互锁控制。同时具有电气和机械互锁的正反转控制电路采用复式按钮，如图 2-17 所示。

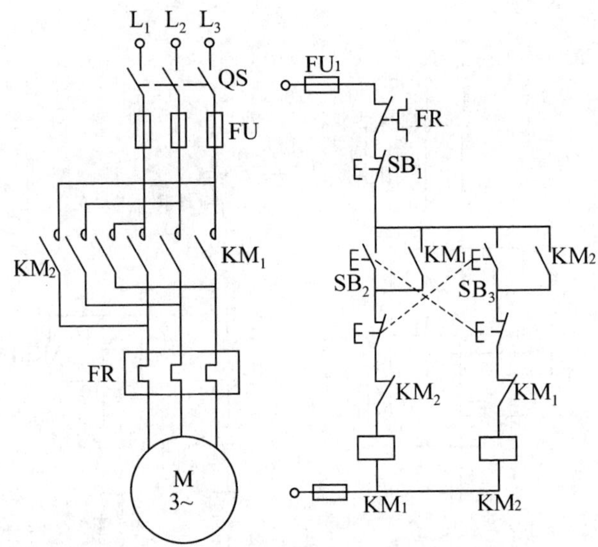

图 2-17　具有双重互锁的电动机正反转控制电路

图 2-17 中，将正转启动按钮和反转启动按钮的动断辅助触点分别串联在对方控制电路中，构成相互制约的关系，这种用按钮实现的互锁控制，称为机械互锁。这种电路既有机械互锁，又有电气互锁，可实现正－停－反的控制，也可实现正－反－停的控制。但是这种直接正反转控制电路仅适用于小容量电动机且正反向转换不频繁、拖动的机械装置惯量较小的场合。

三、行程开关控制的电动机正反转控制电路

许多生产设备的生产工艺要求设备具有往复运动的功能，往复运动的位置一般采用行程开关控制，这实际上是用行程开关控制电动机的正反转。

图 2-18 为工作台自动往返运动的示意图。图中 SQ_1 为左限位右移行程开关，SQ_2 为右限位左移行程开关，SQ_3、SQ_4 为左右极限保护用行程开关。

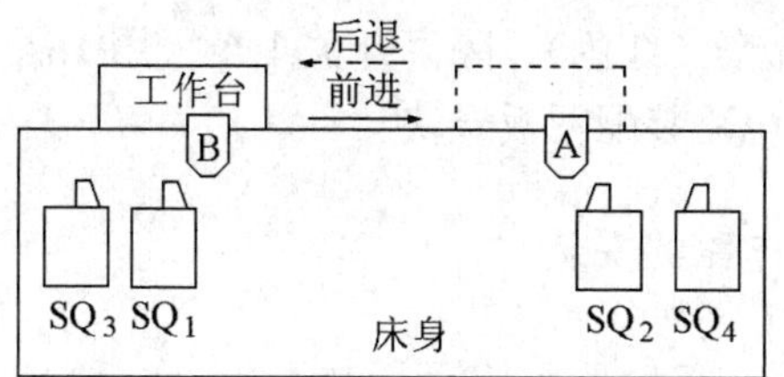

图 2-18　工作台自动往返运动示意图

如图 2-19 所示为工作台自动往返控制电路。工作过程如下：按下启动按钮 SB_2、KM_1 得电并自锁，电动机正转工作台向左移动（后退），当达到左侧预定位置后，挡铁 B 压下 SQ_1，SQ_1 动断触头打开使 KM_1 断电，SQ_1 动合触头闭合使 KM_2 得电，电动机由正转变为反转，工作台向右移动（前进）。当达到右侧预定位置后，挡铁 A 压下 SQ_2，KM_2 断电，KM_1 得电，电动机由反转变为正转，工作台向左移动。如此周而复始地自动往返工作。当按下停止按钮 SB_3 时，电动机停转，工作台停止移动。若行程开关 SQ_1、SQ_2 失灵，则由极限保护行程开关 SQ_3、SQ_4 实现保护，避免运动部件因超出极限位置而发生事故。

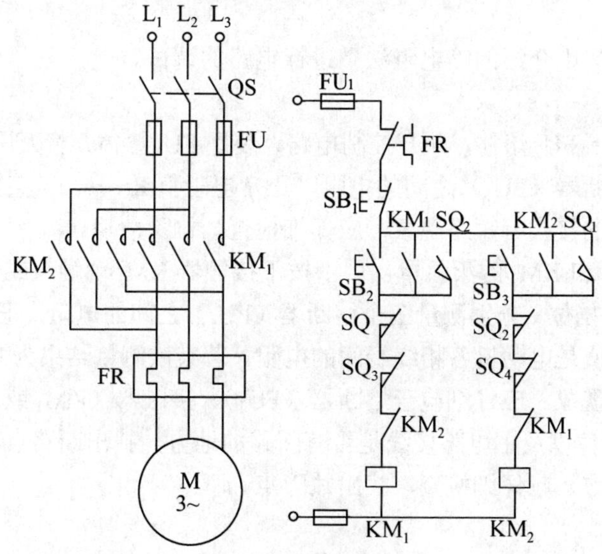

图 2-19　工作台自动往返行程控制电路

【任务实施】

一、制作工具、器材选择

按图 2-11 电路选择器件，器件清单如下：三相交流电动机 1 台（2.2kW）、交流接触器 2 个（380V，10A）、热继电器 1 个（整定电流 5A）、10A 熔断器 3 个、5A 熔断器 2 个、启动按钮 1 个（绿色）、停止按钮 1 个（红色）、隔离开关 1 个（用 16A 低压断路器代替）、万用表 1 块、电工工具、导线若干、电路装配网板一块 。

二、电动机正反转控制电路的安装

（1）电气元件（熔断器、接触器、按钮、电动机）的选择及检测。

（2）根据图 2-11 所示的电路原理图绘制位置图，在装配网板上布置、固定电气元件，安装线槽。

（3）绘制接线图，在装配网板上按接线图的走线方法，采用板前槽配线的配线方式布线。

（4）安装电动机。

（5）连接电动机金属外壳的保护接地线。

（6）连接电源、电动机等盘外部的导线。

（7）自检布线的正确性、合理性、可靠性及元件安装的牢固性。

三、电路调试

可使用“项目一”中介绍的“电阻法”进行电路的调试。

1. 主电路调试

检查主电路，取下 FU_2 熔体，断开控制电路，装好 FU_1 熔体，将万用表拨在 R×1k 电阻档位，分别测量三个熔断器（FU_1）之间的电阻，正常电阻值 R→∞。若某次测量结果为 R→0，这说明所测两相之间的接线有短路现象，应仔细检查，排除故障。

取下接触器 KM_1 和 KM_2 的灭弧罩，用手按下接触器 KM_1 动触头或接触器 KM_2 动触头，万用表拨在 R×1 电阻挡位，分别测量三个熔断器（FU_1）之间的电阻，正常时万用表应指示一定的电阻值，此电阻值是电动机各相绕组间的电阻。若某次测量结果为 R→∞，说明所测得两相之间的接线有断路现象，应仔细检查熔断器（FU_1）、接触器（KM_1 或 KM_2）的主触点和热继电器（FR）的热元件以及主电路接线是否有断路的地方，找出断路点，若测得电阻 R→0，说明电路有短路的地方，应仔细检查，找出故障点。

2. 控制电路调试

装好 FU_2 熔体，用万用表 R×1 电阻挡分别测量 0、2，0、4 之间的电阻，若 R→0 说明热继电器 FR 和停止按钮 SB_1 的动断触点闭合正常；若 R→∞，说明上述两元件或接线有断路的地方，应进一步检查。然后再测标号 1、8，1、6，1、12，1、10 之间的电阻值，电路均应导通且有一定的电阻值，此电阻值为接触器线圈的直流电阻。万用表测量 0、1 之间的电阻，电阻应为 R→∞，按下正向启动按钮 SB_2 或 SB_3，此时万用表指示应有一定的电阻，此电阻值为 KM_1 或 KM_2 线圈的电阻值。若上述测量结果均正常，初步说明电路连接基本正常，可通电试车。

四、通电试车

检查三相电源，将热继电器按电动机的额定电流整定好，在一人操作一人监护下进行试车。

（1）空载试验。拆掉电动机的的连线，合上开关 QS。按下正向启动按钮 SB_2，KM_1 线圈得电吸和并自锁；按下停车按钮 SB_1，KM_1 线圈释放。再按下反向启动按钮 SB_3，KM_2 线圈得电吸和并自锁；按下停车按钮 SB_1，KM_2 线圈释放。

（2）带负载试车。断开电源，恢复电动机连接线，合上开关 QS，接通电源。按下正向启动按钮 SB_2，看电动机能否正常运转；按下停止按钮 SB_1，待电机停止后，按下反向启动按钮 SB_3，看电动机旋转方向是否相反。

（3）若动作不正确，应断开电源，在教师的指导下，仔细检查，直至动作正确为止。

【能力考评】

配分、评分标准见表 2-1。

表 2-1　配分及评分标准

项目内容	配分	评 分 标 准	扣分
安装前检查	15	1．电动机质量检查，每漏一处扣 5 分 2．元器件检查漏检或错检每处扣 2 分	
安装元件	15	1．元件布置不整齐、不均匀、不合理，每只扣 3 分 2．元件安装不牢固，每只扣 3 分 3．安装元器件时漏装镙钉，每只扣 1 分 4．元件损坏每只扣 15 分	
布　线	30	1．不按电路图接线扣 25 分 2．布线不符合要求：主电路每根扣 4 分，控制线路每根扣 2 分 3．接点松动、漏铜过长、压绝缘层、反圈等，每处扣 1 分 4．损伤导线绝缘或线芯，每根扣 2 分 5．漏套或错套号码管，每处扣 2 分 6．漏接接地线扣 10 分	
通电试车	40	1．热继电器未整定或整定错扣 5 分 2．主、控电路熔体规格配错各扣 5 分 3．第一次试车不成功扣 20 分，第二次试车不成功扣 30 分，第三次试车不成功扣 40 分	
安全文明生产	违反安全文明生产扣 5～40 分		
额定时间 120 分钟	每超过 5 分钟，扣 5 分		
备　注	除定额时间外，各项目最高扣分不应超过配分数	成　绩	
开始时间		结束时间	实际时间

思考与练习

1. 热继电器能作为电动机的短路保护吗？为什么？热继电器在电路中应怎样连接？
2. 熔断器的作用是什么？在电路中应怎样连接？
3. 行程开关的作用是什么？
4. 什么是互锁？正反转控制电路如果不采取互锁措施，可能会出现什么故障？
5. 以图 2-11 电路为例，回答下列问题：

（1）电动机启动正转后，按下 SB3 能实现反转吗？

（2）若电动机能正转运行，但不能反转，试分析可能的原因是什么？

任务二 电动机正反转的 PLC 控制系统装调

知识目标：

1. 了解 S7-200 系列 PLC 的外部结构、各部件的作用；
2. 掌握西门子 S7-200 系列可编程控制器的基本指令和编程语言；
3. 掌握 S7-200 系列 PLC 的输入输出接线及指令寻址方式。

技能目标：

1. 熟悉编译调试软件的使用；
2. 能够利用梯形图编制电动机的正反转控制电路的 PLC 程序。

【任务描述】

接触器控制的电动机正反转电路具有结构简单，操作简便，成本低等特点。但若要改变控制系统的功能，就必须改变控制系统的硬件接线，其通用性和灵活性较差。PLC 控制电动机的正反转，可使控制电路更为简单，且电路的可靠性得到进一步提高。

【相关知识】

一、S7-200 系列 PLC 的外部结构

1. 各组成部分的作用

西门子 S7-200 系列 PLC 的外部结构实物图如图 2-20 所示。

（1）输入接线端子。输入接线端子用于连接外部控制信号（按钮、开关、传感器等信号）。在底部端子盖下是输入接线端子和为传感器及输入信号提供的 24V 直流电源。

（2）输出接线端子。输出接线端子用于连接被控设备（接触器、继电器及电磁铁等）。在顶部端子盖下是输出接线端子和 PLC 的工作电源。

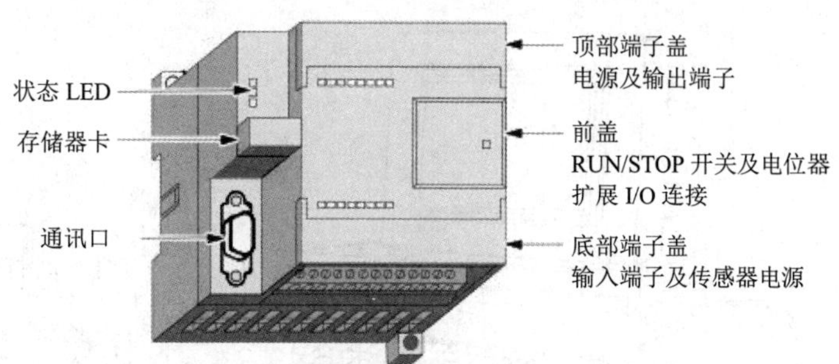

图 2-20 西门子 S7-200 系列 PLC 外部结构实物图

（3）CPU 状态指示。CPU 状态指示有 SF、STOP、RUN 三个指示灯。其中 SF 为系统故障指示灯；STOP 为停止状态指示灯，此时不执行用户程序，可以通过编程装置向 PLC 装载程序或对系统进行设置；RUN 为运行状态指示灯，表示正在执行用户程序。

（4）输入状态指示。输入状态指示用于显示是否有控制信号（如控制按钮、开关及传感器等数字量信息）接入 PLC，有输入信号时，对应的指示灯亮。

（5）输出状态指示。输出状态指示用于显示 PLC 是否有信号输出到执行设备（如接触器、继电器及电磁铁等），有输出信号时，对应的指示灯亮。

（6）扩展接口。通过扁平电缆线，连接数字量 I/O 扩展模块、模拟量 I/O 扩展模块、热电偶模块和通信模块等，如图 2-21 所示。

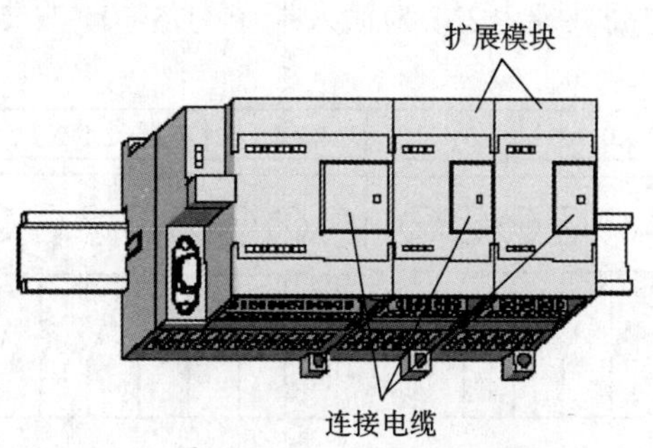

图 2-21 S7-200 系列 PLC 扩展连接示意图

（7）通信端口。通信端口支持 PPI、MPI 通信协议，有自由口通信能力，用以连接编程器、计算机、文本显示器以及 PLC 网络外设，如图 2-22 所示。

（8）模拟电位器。模拟电位器用来改变特殊寄存器（SMB28、SMB29）中的数值，以改变程序运行时的参数。如定时器、计数器的预设值，过程量的控制参数等。

2. 输入输出接线图

I/O 接口电路是 PLC 与被控对象间传递输入输出信号的接口部件。各输入/输出点的通/断状态用发光二极管显示，外部接线一般接在 PLC 的接线端子上。

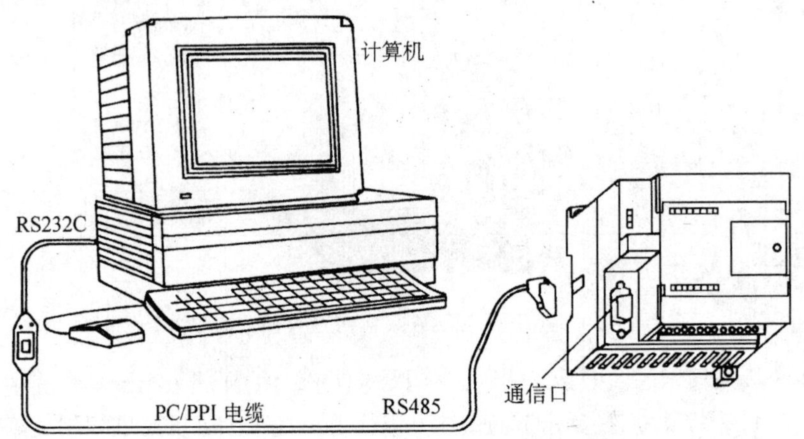

图 2-22　个人电脑与 S7-200 的连接示意图

S7-200 系列 CPU22x 主机的输入回路为直流双向光耦合输入电路，输出有继电器和晶体管两种类型。如 CPU226 PLC 有一种是 CPU226AC/DC/继电器型，其含义为交流输入电源，提供 24V 直流给外部元件（如传感器等），继电器方式输出、24 点输入、16 点输出。

（1）输入接线

CPU226 的主机共有 24 个输入点（I0.0～I0.7、I1.0～I1.7、I2.0～I2.7）和 16 个输出点（Q0.0～Q0.7、Q1.0～Q1.7）。输入电路接线示意图如图 2-23 所示。系统设置 1M 为输入端子 I0.0～I0.7、I1.0～I1.4 的公共端，2M 为输入端子 I1.5～I1.7、I2.0～I2.7 的公共端。

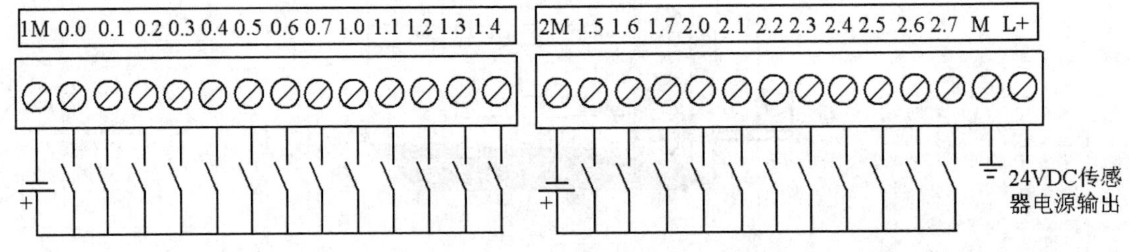

图 2-23　CPU226 输入电路接线示意图

（2）输出接线

CPU226 的输出电路有晶体管输出和继电器输出两种供用户选用。在晶体管输出电路中，PLC 由 24V 直流供电，只能用直流电源为负载供电，1L、2L 为公共端，如图 2-24 所示；在继电器输出电路中，PLC 由 220V 交流供电，既可以选用直流电源，也可选用交流电源为负载供电，在继电器输出电路中，数字量输出分为 3 组，每组的公共端为本组的电源供给端，Q0.0～Q0.3 共用 1L，Q0.4～Q1.0 共用 2L，Q1.1～Q1.7 共用 3L，各组之间可接入不同电压等级、不同电压性质的负载电源，如图 2-25 所示。

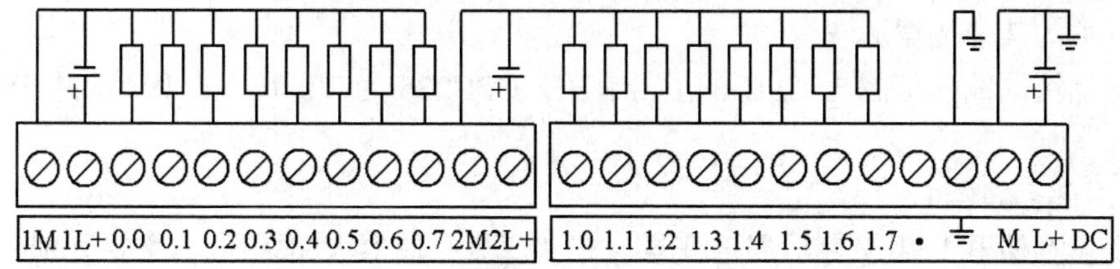

图 2-24　CPU226 晶体管输出电路接线示意图

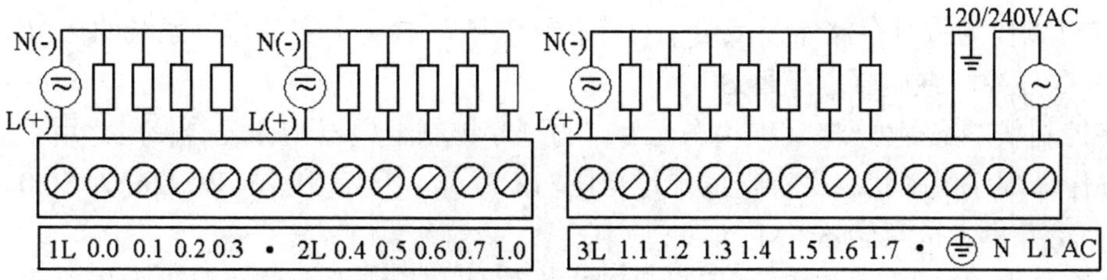

图 2-25　CPU226 继电器输出电路接线示意图

二、S7-200 系列 PLC 的内存结构及寻址方式

1. 内存结构

（1）输入映像寄存器 I（输入继电器）

输入映像寄存器 I 存放 CPU 在输入扫描阶段采样输入接线端子的结果。通常工程技术人员常把输入映像寄存器 I 称为输入继电器，它由输入接线端子接入的的控制信号驱动，当控制信号接通时，输入继电器得电，即对应的输入映像寄存器的位为“1”态；当控制信号断开时，输入继电器失电，对应的输入映像寄存器的位为“0”态。输入接线端子可以接动合触点或动断触点，也可以是多个触点的串并联。

输入继电器地址的编码范围与 CPU 的型号有关，CPU226 为 I0.0～I15.7。

（2）输出映像寄存器 Q（输出继电器）

输出映像寄存器 Q 存放 CPU 执行程序的结果，并在输出扫描阶段，将其复制到输出接线端子上。工程实践中，常把输出映像寄存器 Q 称为输出继电器，它通过 PLC 的输出接线端子控制执行电器完成规定的控制任务。

输出继电器地址的编号范围与 CPU 的型号有关，CPU226 为 Q0.0～Q15.7。

（3）内部位存储器 M（中间继电器）

内部位存储器 M 作为控制继电器用于存储中间操作状态或其他控制信息，其作用相当于接触器控制系统中的中间继电器，但不能作输入和输出使用。

内部位存储器地址的编号范围与 CPU 的型号有关，CPU226 为 M0.0～M31.7。

（4）变量存储器 V

变量存储器 V 用于用户程序执行过程中控制逻辑操作的中间结果，也可以用来保存与工序或任务有关的其他数据。

变量存储区的编号范围与 CPU 的型号有关，CPU226 为 V0.0～V5119.7，共 5KB 的存储容量。

（5）局部存储器 L

局部变量存储器 L 用来存放局部变量，它和变量存储器 V 很相似，主要区别在于全局变量是全局有效，即同一个变量可以被任何程序访问，而局部变量只在局部有效，即变量只和特定的程序相关联。S7-200 系列 CPU226 有 L0.0～L63.7 共 64 个字节的局部变量存储器，其中 60 个字节可以作为暂时存储器，或给子程序传递参数，后 4 个字节作为系统的保留字节。

（6）顺序控制继电器存储器 S

顺序控制状态寄存器 S 又称状态元件，与顺序控制继电器指令配合使用，用于组织设备的顺序操作，顺序控制状态寄存器的地址范围与 CPU 的型号有关，CPU226 为 S0.0～S31.7。

（7）特殊标志位存储器 SM

特殊存储器 SM 用于 CPU 与用户之间交换信息，其特殊存储器提供大量的状态和控制功能。CPU224 的特殊存储器 SM 编址范围为 SMB0～SMB179 共 180 个字节，其中 SMB0～SMB29 的 30 个字节为只读型区域。其地址编号范围随 CPU 的不同而不同。

特殊存储器 SM 的只读字节 SMB0 为状态位，在每个扫描周期结束时，由 CPU 更新这些位。各位的定义如下：

SM0.0：运行监视。SM0.0 始终为“1”状态，当 PLC 运行时可以利用其触点驱动输出继电器。

SM0.1：初始化脉冲，仅在执行用户程序的第一个扫描周期为“1”状态，可以用于初始化程序。

SM0.2：当 RAM 中的数据丢失时，导通一个扫描周期，用于出错处理。

SM0.3：PLC 上电进入 RUN 时，SM0.3 接通一个扫描周期，可用在启动操作之前给设备提供一个预热时间。

SM0.4：该位是一个周期为 1min、占空比 50%的时钟脉冲。

SM0.5：该位是一个周期为 1s、占空比 50%的时钟脉冲。

SM0.6：该位是一个扫描时钟脉冲。本次扫描时置 1，下一次扫描时置 0，可用作扫描计数器的输入。

SM0.7：该位指示 CPU 工作方式开关位置。0 为 TERM 位置，1 为 RUN 位置。开关在 RUN 位置时，该位可以使自由端口通信模式有效，切换至 TERM 位置时，CPU 可以与编程设备正常通信。

特殊存储器 SM 的只读字节 SMB1 提供了不同指令的错误提示，其部分位的定义如下：

SM1.0：零标志位，运算结果等于 0 时，该位置 1。

SM1.1：溢出标志，运算溢出或查出非法数据时，该位置 1。

SM1.2：负数标志，数学运算结果为负时，该位置 1。

特殊存储器 SM 字节 SMB29 用于存储模拟量电位器 0 和模拟量电位器 1 的调节结果。

特殊存储器 SM 的全部功能可查阅相关手册。

（8）定时器 T

定时器相当于接触器控制系统中的时间继电器，用于延时控制。S7-200 PLC 定时器的时基有 3 种：1ms，10ms，100ms。

定时器的地址编号范围为 T0～T255。

（9）计数器 C

计数器用来累计输入端接收到的脉冲个数，S7-200 PLC 有 3 种计数器：加、减和加减计数器。

计数器的地址编号范围为 C0～C255。

（10）模拟量输入寄存器 AI

模拟量输入寄存器 AI 用于接收模拟量模块转换后的 16 位数字量。其地址编号以偶数表示，CPU226 的地址范围为 AIW0～AIW62。模拟量输入寄存器 AI 为只读存储器。

（11）模拟量输出寄存器 AQ

模拟量输出寄存器 AQ 用于暂存模拟量输出模块的输入值，该值经过模拟量输出模块（D/A）转换为现场所需要的标准电压或电流信号。CPU226 地址编号为的 AQW0～AQW62。

模拟量输出值是只写数据，用户不能读取模拟量输出值。

（12）累加器 AC

累加器是用来暂存数据的寄存器，可用来存放运算数据、中间数据和结果。S7-200 提供了 4 个 32 位的累加器，其地址编号为 AC0～AC3。

（13）高速计数器 HC

高速计数器用于累计比 CPU 的扫描速率更快的事件，计数过程与扫描周期无关。CPU221/222 各有 4 个高速计数器，CPU224/226 各有 6 个高速计数器，地址编号为 HC0～HC5。

2. 寻址方式

（1）编制方式

在计算机中使用的数据均为二进制数，二进制数的基本单位是一个二进制位，8 个二进制位组成一个字节，16 个二进制位组成一个字，32 个二进制位组成一个双字。

存储器的位可以是位（Bit）、字节（Byte）、字（Word）、双字（Double Word），所以需要对位、字节、字、双字进行编址。存储单元的地址由区域标识符、字节地址和位地址组成。

1）位编址：寄存器标识符+字节地址。位地址如 I0.0、M0.1、Q0.2 等。

2）字节地址：寄存器标识符+字节长度 B+字节地址，如 IB1、VB20、QB2 等。

3）字编址：寄存器标识符+字长度 W+起始字节地址，如 VW20 表示 VB20 和 VB21 这两个字节组成的字。

4）双字编址：寄存器标识符+双字长度 D+起始字节地址，如 VD20 表示从 VB20 到 VB23 这四个字节组成的双字。位的高低如图 2-26 所示。

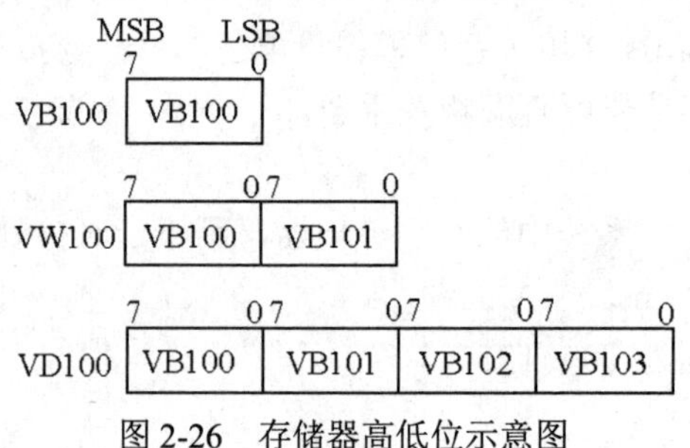

图 2-26 存储器高低位示意图

（2）寻址方式

S7-200 系列 PLC 指令系统的数据寻址方式有立即数寻址、直接寻址和间接寻址三大类。

1）立即数寻址

对立即数直接进行读写操作的寻址称为立即数寻址。立即数寻址的数据在指令中以常数形式出现。常数的大小由数据的长度（二进制数的位数）决定。

在 S7-200 系列 PLC 中，常数值可为字节、字、双字等数据类型，CPU 以二进制方式存储所有常数。指令中可用二进制、十进制、十六进制、ASCII 码等多种形式表示常数，具体的格式如下：

- 二进制格式，用二进制数前加 2#表示，如 2#1001；
- 十进制格式，直接用十进制数表示，如 20056；
- 十六进制格式，用十六进制数前加 16#表示，如 16#3E4F；
- ASCII 码格式，用单引号 ASCII 码文本表示，如‘good bye’。

2）直接寻址

直接寻址方式是指指令的操作数是数据存放的地址，可以按该地址直接存取参加控制的数据，直接寻址中操作数的地址应按规定的格式表示，如 I0.0、MB20、VW100 等。

3）间接寻址

间接寻址方式时操作数不提供直接数据位置，而是通过使用地址指针存取存储器中的数据。在 S7-200 系列 PLC 中允许使用指针对 I、Q、M、V、S、T（仅当前值）、C（仅当前值）寄存器进行间接寻址。

使用间接寻址之前，要先创建一个指向该位置的指针。指针为双字值，用来存放一个存储器的地址，只能用 V、L、AC1、AC2、AC3 作指针，AC0 不能使用。建立指针时，必须用双字传送指令（MOVD）将需要间接寻址的存储器地址送到指针中，例如 MOVD &VB202, AC1，其中&VB202 表示 VB202 的地址，而不是 VB202 的值。指令的含义是将 VB202 的地址送到累加器 AC1 中。

按照这一地址找到的存储单元中的数据才是所需要的操作数，相当于间接地取得数据。这种间接寻址方式与计算机的间接寻址方式相同。

建立好指针后，利用指针存取数据。用指针存取数据时，操作数前加“*”，表示该操作数为一个指针。例如，MOVW　*AC1,AC0 表示将 AC1 中的内容为起始地址的一个字长的数据（即 VB202、VB203 的内容）送到累加器 AC0 中，传送示意图如图 2-27 所示。

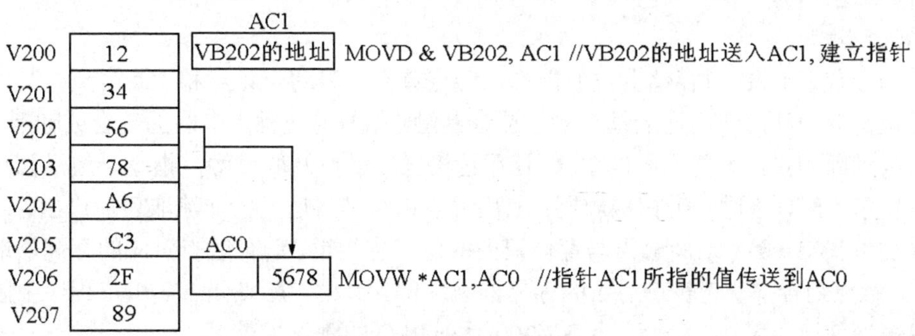

图 2-27　使用指针的间接寻址

三、S7-200 系列 PLC 的软件

1. S7-200 系列 PLC 指令系统的类型

S7-200 系列 PLC 的指令系统分为梯形图（LAD）程序指令、语句表（STL）程序指令、功能块图（FBD）程序指令三种形式。下面就简单介绍这三种类型的程序指令。

（1）梯形图（LAD）程序指令

梯形图程序指令的基本逻辑元素是触点、线圈、功能框和地址符。触点有动合、动断等类型，用于代表输入控制信息，当一个动合触点闭合时，能流可从此触点流过；线圈代表输出，当线圈有能流流过时，输出便被接通；功能框代表一种复杂的操作，它可以使程序大大简化；地址符用于说明触点、线圈、功能框的操作对象。

（2）语句表（STL）程序指令

语句表程序指令由操作码和操作数组成，类似于计算机的汇编语言。它的图形显示形式即为梯形图程序指令，语句表程序指令则显示为文本格式。

（3）功能块图（FBD）程序指令

功能块图程序指令由功能框元素表示。“与”（AND）、“或”（OR）功能块图程序指令如同梯形图程序指令中的触点一样用于操作布尔信号；其他类型的功能块图与梯形图程序指令中的功能框类似。

三种程序指令的类型可以相互转换，如图 2-28 所示。

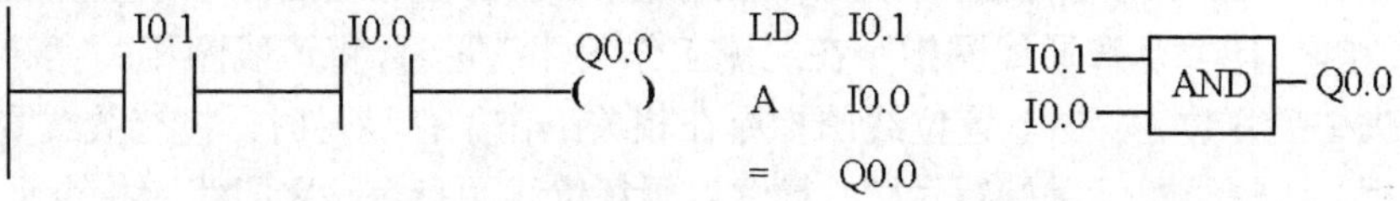

I0.1　I0.0　Q0.0

```
LD  I0.1
A   I0.0
=   Q0.0
```

I0.1 — AND — Q0.0
I0.0

图 2-28　同一功能的梯形图、语句表、功能块图程序指令

四、PLC 基本指令的应用

1. 基本逻辑指令

（1）触点指令

触点指令代表 CPU 对存储器位的操作。触点首先分为动合触点和动断触点，又以其在梯形图中的位置分为和母线相连的动合触点或动断触点、与前边触点串联的动合或动断触点、并联的动合或动断触点，一些型号的 PLC 还用边沿脉冲触点及取反触点指令。边沿脉冲指令是在满足工作条件时，接通一个扫描周期；取反触点指令是将送入的能流取反后送出。动合触点和存储器的位状态一致，动断触点与存储器的的位状态相反。动合触点对应的存储器地址位为 1 状态时，触点闭合；动断触点对应的存储器地址位为 0 时，触点闭合。用户程序中同一触点可以反复多次使用。表 2-2 为西门子 S7-200 系列 PLC 的触点指令。

表 2-2　S7-200 PLC 部分触点指令表

<table>
<tr><th colspan="3">指令</th><th>梯形图符号</th><th>数据类型</th><th>操作数</th><th>指令功能</th></tr>
<tr><td rowspan="6">标准触点</td><td rowspan="3">动合触点</td><td>LD</td><td>Bit</td><td rowspan="9">位</td><td rowspan="6">I、Q、V
M、SM
S、T、C</td><td>将动合触点接在母线上</td></tr>
<tr><td>A</td><td>Bit</td><td>动合触点与其他程序段相串联</td></tr>
<tr><td>O</td><td>Bit</td><td>动合触点与其他程序段相并联</td></tr>
<tr><td rowspan="3">动断触点</td><td>LDN</td><td>Bit</td><td>将动断触点接在母线上</td></tr>
<tr><td>AN</td><td>Bit</td><td>动断触点与其他程序段相串联</td></tr>
<tr><td>ON</td><td>Bit</td><td>动断触点与其他程序段相并联</td></tr>
<tr><td colspan="2">取反</td><td>NOT</td><td>NOT</td><td>—</td><td>改变能流输入状态</td></tr>
<tr><td rowspan="2">正负跳变</td><td>正</td><td>EU</td><td>P</td><td>—</td><td>检测到一次正跳变，能流接通一个扫描周期</td></tr>
<tr><td>负</td><td>ED</td><td>N</td><td>—</td><td>检测到一次负跳变，能流接通一个扫描周期</td></tr>
</table>

（2）线圈指令

线圈指令代表 CPU 对存储器的写操作。线圈指令包含普通线圈指令、置位及复位线圈指令、立即线圈指令等类型。普通线圈指令在左侧工作条件满足时，将该线圈相关存储器位置“1”，在工作条件失去后复位为“0”。置位线圈指令在相关工作条件满足时，将有关线圈置“1”，工作条件失去后，这些线圈仍保持置“1”，复位需要复位线圈指令。立即线圈指令采用中断方式工作，可以不受扫描周期的影响，将程序运算的结果立即送到输出口。表 2-3 为西门子可编程控制器的线圈指令。

表 2-3　S7-200 PLC 线圈指令表

指令与助记符		梯形图符号	数据类型	操作数	指令功能
输出	=	Bit —( )	位	Q　V　M　SM　S　T　C	将运算结果输出到某个继电器
立即输出	=I	Bit —(I)	位	Q	立即将运算结果输出到某个继电器
置位与复位	S	Bit —(S) N	位 N：Byte 或常数	位：Q　V　M　SM S　T　C N：IB QB VB SMB SB LB AC M 常数等	将从指定地址开始的 N 个位置位
	R	Bit —(R) N	位 N：Byte 或常数	位：Q　V　M　SM　S　T　C N：IB QB VB SMB SB LB AC M 常数等	将从指定地址开始的 N 个位复位
立即置位与立即复位	SI	Bit —(SI) N	位 N：Byte 或常数	位：Q　V　M　SM　S　T　C N：IB QB VB SMB SB LB AC M 常数等	立即将从指定地址开始的 N 个位置位
	RI	Bit —(RI) N	位 N：Byte 或常数	位：Q　V　M　SM　S　T　C N：IB QB VB SMB SB LB AC M 常数等	立即将从指定地址开始的 N 个位复位
SR 触发器	SR	Bit SI　OUT SR R	位	Q　V　M　I　S	置位与复位同时为 1 时，置位优先
RS 触发器	RS	Bit S　OUT RS RI	位	Q　V　M　I　S	置位与复位同时为 1 时，复位优先

（3）堆栈操作指令

S7-200 系列 PLC 提供了一个 9 层的堆栈，用于保存逻辑运算结果及断点地址，称为逻辑堆栈。堆栈中的数据按“先进后出”的原则存放。S7-200 系列 PLC 提供的的堆栈指令如表 2-4 所示。

表 2-4　堆栈操作指令的格式及功能

指令名称	语句表 STL		指令功能
	操作码	操作数	
栈装载与指令（电路块串联指令）	ALD	—	将堆栈中第一层和第二层的值进行逻辑与操作，结果存入栈顶，堆栈深度减 1
栈装载或指令（电路块串联指令）	OLD	—	将堆栈中第一层和第二层的值进行逻辑或操作，结果存入栈顶，堆栈深度减 1
逻辑推入栈指令	LPS	—	复制栈顶的值并将其推入栈，栈底的值被推出并丢失
逻辑读栈指令	LRD	—	复制堆栈中的第二个值到栈顶，堆栈没有推入栈或弹出栈操作，但旧的栈顶值被新的复制值取代
逻辑弹出栈指令	LPP	—	弹出栈顶的值，堆栈的第二个值成为栈顶的值

说明：

1）并联电路块是指两条以上支路并联形成的电路，并联电路块与其前电路串联连接时使用 ALD 指令，电路块开始的触点使用 LD/LDN，并联电路结束后使用 ALD 指令与前面的电路串联。

2）可以依次使用 ALD 指令串联多个并联电路块，如图 2-29 所示。

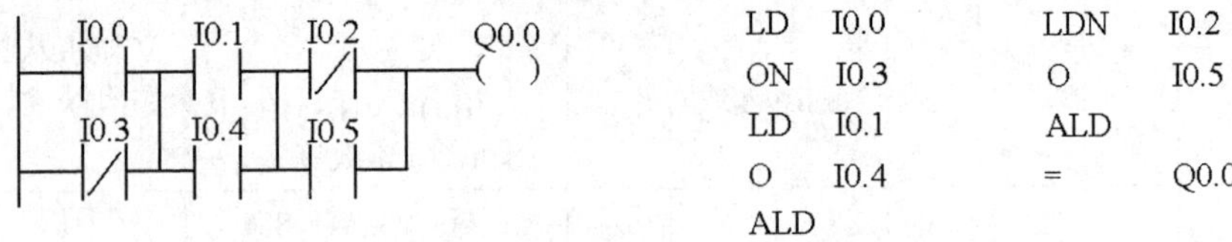

图 2-29　使用 ALD 指令的多个并联电路块

3）串联电路块是指两个以上触点串联形成的支路，串联电路块与其前电路并联连接时使用 OLD 指令，电路块开始的触点使用 LD/LDN 指令，串联电路块结束后使用 OLD 指令与前面电路并联。

4）可以依次使用 OLD 指令并联多个串联电路块，如图 2-30 所示。

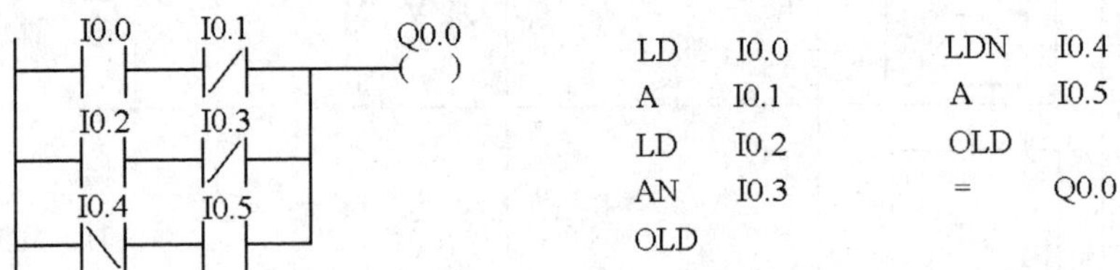

图 2-30　使用 OLD 指令的多个串联电路块

5）LPS、LRD、LPP 指令用于多个分支电路同时受一个或一组触点的控制情况。LPS 指令用于生成一条新的母线（假设的概念，有助于理解指令的使用），其左侧为原来的主逻辑块，右侧为新的从逻辑块，LPS 指令用于对右侧一个从逻辑块编程；LRD 用于对第二个及以后的从逻辑块编程；LPP 用于对新母线右侧最后一个从逻辑块编程，在读取完离它最近的 LPS 压入堆栈内容的同时复位该条新母线。

6）逻辑堆栈指令可以嵌套使用，但受堆栈空间的限制，最多只能使用 9 次，如图 2-31 所示。

```
LD   M0.0        =    Q0.0
LPS              LPP
A    M0.1        =    Q0.1
LPS              LPP
A    M0.2        =    Q0.2
LPS              LPP
A    M0.3        =    Q0.3
```

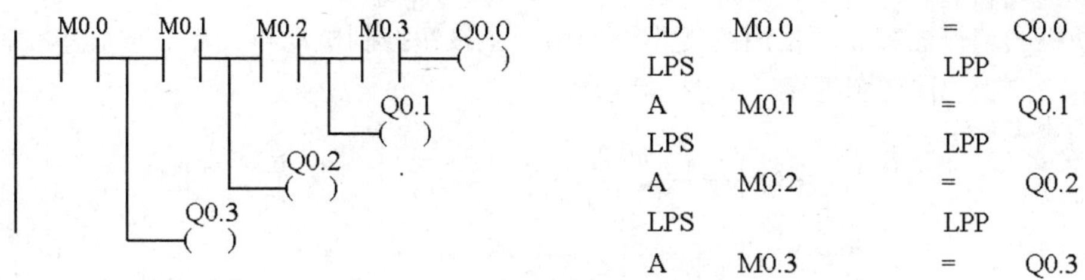

图 2-31　逻辑堆栈指令的嵌套使用

7）LPS 和 LPP 指令必须成对使用，它们之间可以使用 LRD 指令。

8）ALD、OLD、LPS、LRD 和 LPP 指令无操作数。

2. *应用举例*

“电动机连续运转控制电路”可使用 PLC 进行控制。设启动按钮 SB_1、停止按钮 SB_2 分别接 PLC 的输入 I0.0、I0.1，接触器 KM 的线圈接 PLC 的输出 Q0.0，则用 PLC 控制的电动机连续运转控制电路的梯形图及语句表如图 2-32 所示。

```
LD   I0.0
O    Q0.1
AN   I0.1
=    Q0.0
```

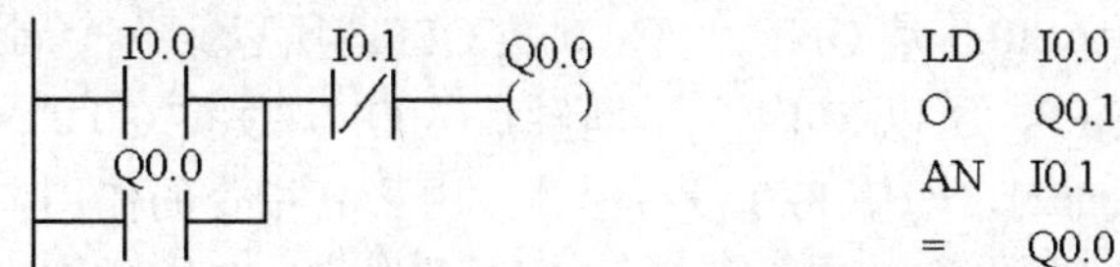

图 2-32　电动机连续运转控制电路的梯形图与语句表程序

分析：运行时按下启动按钮 SB_1，I0.0 动合触点接通。如果这时未按停止按钮 SB_2，I0.1 的动断触点接通，Q0.0 线圈得电，其动合触点同时接通。即使松开启动按钮，“能流”仍然能通过 Q0.0 的动合触点和 I0.1 的动断触点流到 Q0.0 线圈，Q0.0 的动合触点在这里就起到“自锁”的功能。按下停止按钮，I0.1 动断触点断开，Q0.0 线圈断电，其动合触点同时断开，即使松开停止按钮，I0.1 的动断触点恢复闭合状态，Q0.0 线圈仍然“断电”。

“电动机连续运转控制电路”还可以用置位与复位指令实现。使用置位、复位指令的梯形图程序如图 2-33 所示。

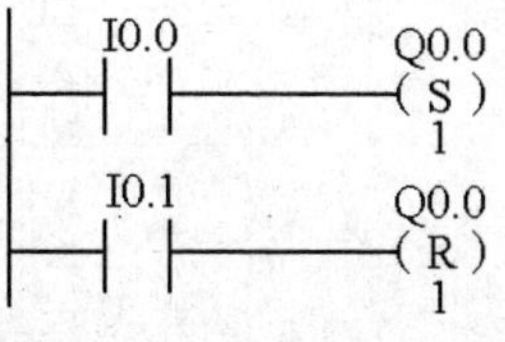

```
LD   I0.0
S    Q0.0, 1
LD   I0.1
R    Q0.0, 1
```

图 2-33　使用置位与复位指令的梯形图与语句表程序

分析：当启动按钮 I0.0 按下时，Q0.0 被置位为 1，电动机开始运行；当按下停止按钮 I0.1 时，Q0.0 被复位为 0，电动机停止运行。使用置位、复位指令进行控制不需要考虑如何实现自锁，电动机会一直保持运行状态，直到按下停止按钮。

电动机的起停控制还可使用跳变指令，用一个按钮控制电动机的起、停。单按钮控制的电动机起停控制的梯形图程序，如图 2-34 所示。

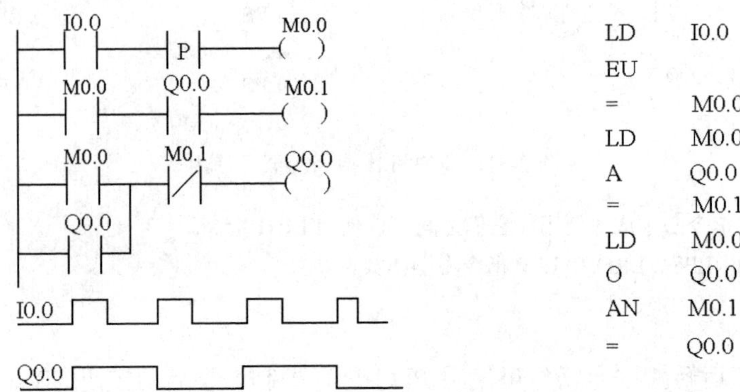

图 2-34 用正跳变指令实现单按钮控制电动机的起、停的梯形图程序

分析：当按一下按钮时，I0.0 由 OFF 变 ON，这时上升沿（正跳变）触发 EU 指令使 M0.0 在一个周期内是 ON；因 M0.0 是 ON，而 Q0.0 是 OFF，所以第一个周期内 M0.1 是 OFF；因 M0.0 是 ON、M0.1 是 OFF，所以 M0.1 的动断触点是 ON，使得 Q0.0 线圈“得电”，电动机运转。在接下来的第二个周期，即使 I0.0 没有松开，由于 P 指令的作用，M0.0 从第二个周期开始一直为 OFF，进而 M0.1 也为 OFF，而 Q0.0 仍然为 ON。在松开按钮使 I0.0 为 OFF 时，三个线圈的状态仍然与第二个扫描周期相同，电动机也始终运转。

当第二次按下按钮时，就使 M0.0 与 M0.1 同时为 ON 状态，而 Q0.0 为 OFF，电动机停止转动，从第二次按下按钮的第二个扫描周期开始，三个线圈都变成 OFF 状态。在这以后，当第三次按下按钮时，又开始启动操作，由此进行起、停电动机。

上述控制电路也可以利用 RS 触发器及正跳变 P 指令，单按钮实现电动机的起、停控制，梯形图程序如图 2-35 所示。

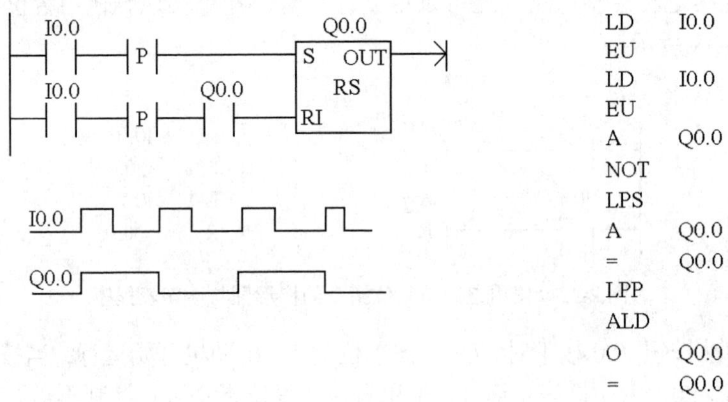

图 2-35 用 RS 触发器指令实现单按钮控制电动机起、停的梯形图程序

分析：当第一次按下按钮时，I0.0 为 ON 状态，RS 触发器的置位端为 1，而复位端由于 Q0.0 此时处于 OFF 状态使得复位端为 0，所以在第一次按下按钮的第一个扫描周期，Q0.0 就会成为 ON 状态，电动机启动运行。从第二个扫描周期开始，由于 P 指令的作用，RS 触发器的置位和复位端都为 0，Q0.0 继续保持 ON 状态，无论继续按着或松开按钮，这种状态不会改变。

当第二次按下按钮时，由于此时 Q0.0 为 ON 状态，所以会使触发器的置位与复位端都为 1，这样由于 RS 触发器是复位优先，就会使得 Q0.0 复位，变成 OFF 状态，电动机停止运行。可见这种可能改制方案也能形成单数次按下按钮时为启动，双数次时为停止。

【任务分析】

一、输入/输出信号分析

通过电动机正反转控制过程分析可知，系统输入点数 4 个，输出点数 2 个，可选用 S7-200 型 PLC 进行控制。

二、系统硬件设计

电动机正反转 PLC 控制系统的硬件设计包括系统 I/O 元件分配表和输入/输出接线图。

1. 系统的 I/O 地址分配

输入/输出信号与 PLC 地址编号对照表如表 2-5 所示。

表 2-5　电动机正反转控制的 I/O 地址分配表

输入		输出	
过载保护继电器 FR	I0.0	正转接触器 KM_1	Q0.0
停止按钮 SB_1	I0.1	反转接触器 KM_2	Q0.1
正转启动按钮 SB_2	I0.2		
反转启动按钮 SB_3	I0.3		

2. 输入/输出接线图

依照 PLC 的 I/O 地址分配表，结合系统的控制要求，电动机正反转 PLC 控制系统的电气接线图如图 2-36 所示。

三、系统软件设计

电动机正反转控制系统的梯形图程序，如图 2-37 所示。

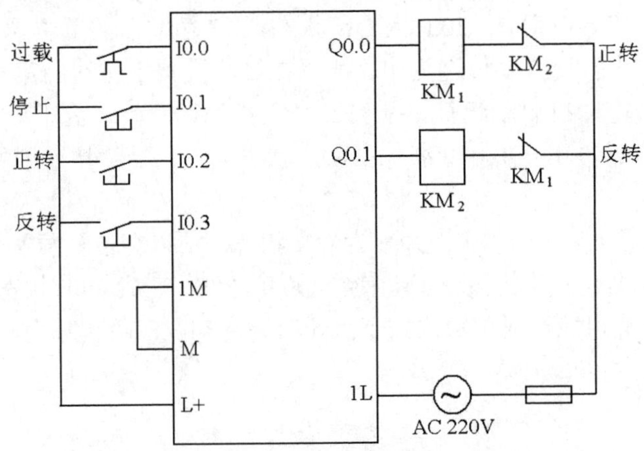

图 2-36　电动机正反转 PLC 控制系统接线图

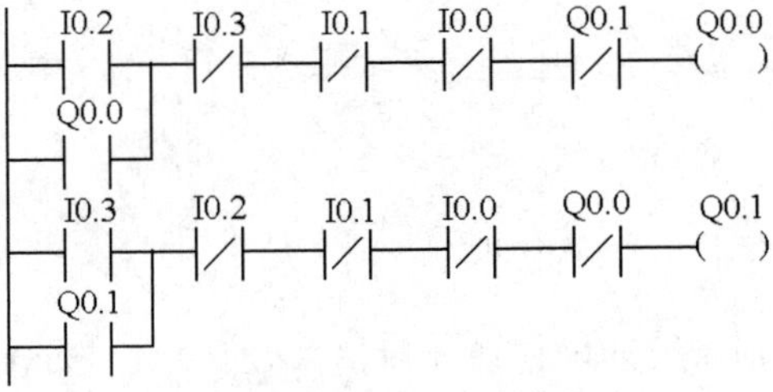

图 2-37　电动机正反转控制系统的梯形图程序

【任务实施】

一、器材准备

任务实施所需器材见表 2-6。

表 2-6　任务实施器件准备

器材名称	数量
PLC 基本单元 CPU224	1 个
计算机	1 台
电动机正反转控制模拟装置	1 个
控制开关	4 个
导线	若干
交、直流电源	1 套
电工工具及仪表	1 套

二、实施步骤

1. 程序输入

连接 PLC 主机和计算机，接通 PLC 电源，打开 S7-200 编程软件，建立电动机正反转 PLC 控制项目，输入图 2-37 所示的梯形图程序。

2. 系统安装接线

根据图 2-36 所示的 PLC 输入/输出接线图接线。系统输出接触器 KM_1、KM_2 分别用实训装置上的 2 个指示灯模拟（电源使用 12V）；正转、停止、反转、过载保护输入用实训装置上的开关模拟。安装接线时注意各触点要牢固，同时，要注意文明操作，接线时需在断电的情况下进行。

3. 系统调试

确定硬件接线正确后，合上 PLC 电源开关和输出回路电源开关，将图 2-37 所示的梯形图输入到 PLC 中，进行系统模拟调试。

闭合电动机正转启动按钮的模拟开关，观察接触器 KM_1 的指示灯是否点亮；闭合模拟停止按钮的开关，观察接触器 KM_1 的指示灯是否熄灭。断开停止按钮模拟开关，再重新闭合正转启动按钮模拟开关，接触器 KM_1 的指示灯应点亮，闭合过载保护的模拟开关，观查接触器 KM_1 的指示灯是否熄灭。

电动机反转运行的调试步骤，同上述正转运行的调试。

如果显示结果不符合要求，观察输入及输出回路是否接线错误，检查程序是否有误。排除故障后重新送电，再次观察运行结果，直到符合要求为止。

【能力考评】

任务考核点及评价标准见表 2-7。

表 2-7 任务考核点及评价标准

序号	考评内容	考核方式	考核要求	评分标准	配分	扣分	得分
1	硬件接线	教师评价+互评	正确进行 I/O 分配能正确进行 PLC 外围接线	1. I/O 分配错误，每处扣 2 分 2. PLC 端口使用错误，每处扣 4 分	30		
2	软件编程	教师评价+互评	能根据控制系统的要求和硬件接线，编写出控制梯形图程序和语句表程序	1. 梯形图程序错误，每处扣 1 分 2. 语句表程序错误，每处扣 1 分	40		
3	系统调试	教师评价+互评	能熟练地将程序下载到 PLC 中，并能快速、正确地调试好程序	1. 不能将程序下载到 PLC 中，扣 5 分 2. 程序调试不正确，扣 5 分	30		

思考与练习

1. 接触器控制的电机正反转电路和PLC控制的电机正反转电路中的电动机过载保护的设计有何不同?

2．如果停止按钮采用常闭触点，请画出电动机正反转 PLC 控制系统输入/输出接线图和梯形图。

3．仿照电动机正反转 PLC 控制系统，试设计具有两地控制的电动机连续运行系统，要求画出 I/O 端子分配表，输入/输出接线图和系统梯形图。

4．使用置位和复位指令，编写两套程序，控制要求如下：

（1）启动时，电动机 M1 启动后，电动机 M2 才能启动；停止时，电动机 M1、M2 同时停止。

（2）启动时，电动机 M1、M2 同时启动；停止时，只有在电动机 M2 停止后，电动机 M1 才能停止。

5．用 S、R 和跳变指令设计出如图 2-38 所示波形图的梯形图程序。

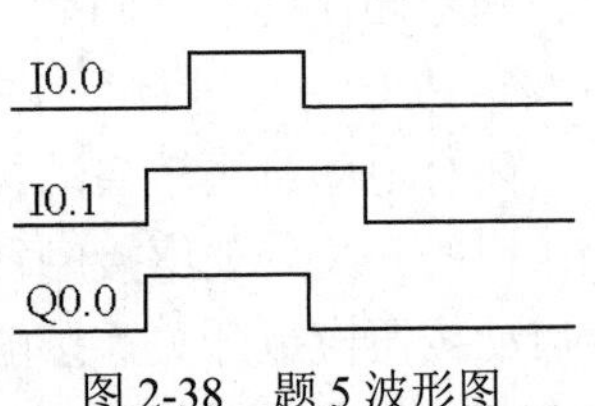

图 2-38　题 5 波形图

6．根据下列语句表，写出梯形图程序。

```
LD   I0.0   A   I0.6
AN   I0.1   =   Q0.1
LD   I0.2   LPP
A    I0.3   A   I0.7
O    I0.4   =   Q0.2
A    I0.5   A   I1.1
OLD         =   Q0.3
LSP
```

3

光伏发电系统电动机的降压启动控制电路的装调

任务一　接触器控制的电动机 Y/△降压启动电路装调

知识目标：

1. 时间继电器和其他常用电器的功能、工作原理以及选择；
2. 三相异步电动机降压启动控制线路的组成及工作原理分析。

技能目标：

1. 三相异步电动机 Y/△降压启动控制线路的安装与调试；
2. 能用万用表排除电路故障。

【任务描述】

电动机采用全压直接启动时，其启动电流一般为额定电流的 4～7 倍。对于功率较小的电动机，直接启动对电网影响不大，但对于功率较大的电动机，过大的启动电流会降低电动机的使用寿命，减小电动机本身的启动转矩，甚至使电动机无法启动；同时，过大的启动电流还会引起电源电压波动，使变压器二次电压大幅度下降，影响同一供电网路中其他设备的正常工作。因此，一般情况下，当电动机功率大于 10kW 以上时，应考虑对电动机采取降压启动控制，以减小电动机的启动电流，保证电网的正常供电。常用的降压启动方法有定子串电阻降压启动、星－三角降压启动和自耦变压器降压启动。

【相关知识】

一、常用低压电器

1. 中间继电器

中间继电器实质上是电压继电器的一种。其主要用途是当其他继电器的触头数或触头容量不够时，可借助中间继电器来扩大它们的触点数或触点容量，起到中间转换的作用。它的特点是触点数目较多，触头电流容量可增大。

（1）中间继电器的型号及含义

机床上常用的中间继电器型号有 JZ7 系列交流中间继电器和 JZ8 系列交直流两用中间继电器。中间继电器的型号含义如图 3-1 所示。

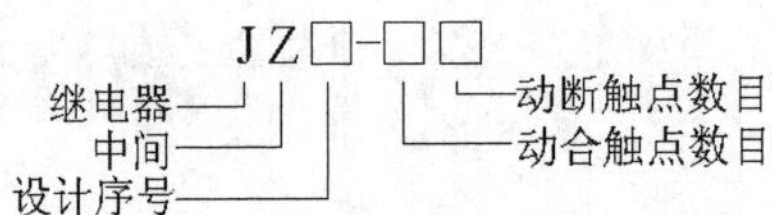

图 3-1 中间继电器的型号及含义

（2）中间继电器的结构和图形符号

中间继电器的结构与工作原理与接触器类似。该继电器由静铁心、动铁心、线圈、触点系统反作用弹簧和缓冲弹簧等组成。其触点对数较多，没有主、辅触点之分，各对触点允许通过的额定电流相同，多数额定电流为 5A，也有的为 10A。线圈电压有 12V、24V、36V、110V、127V、220V、380V 等多种可供选择。中间继电器的外形和结构图如图 3-2 所示。

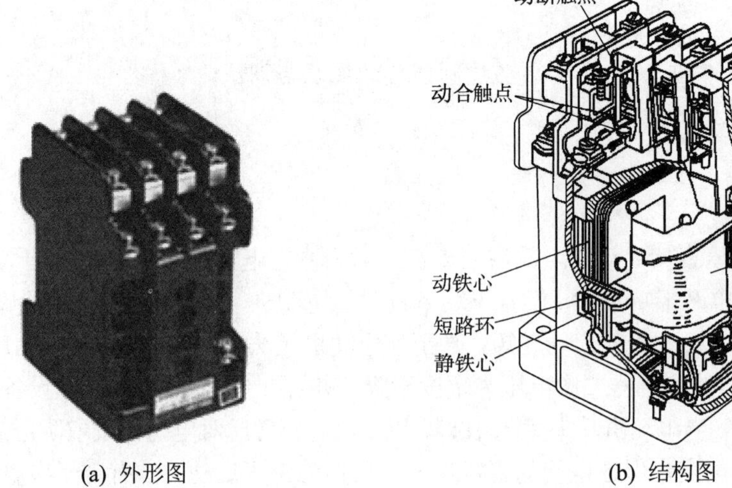

(a) 外形图 (b) 结构图

图 3-2 中间继电器的外形及结构图

（3）中间继电器的图形及文字符号

中间继电器的图形及文字符号如图 3-3 所示。

图 3-3　中间继电器的图形、文字符号

选用中间继电器，主要依据控制电路的电压等级，同时还要考虑所需触点数量、种类及容量是否满足控制线路的要求。

2. 电流继电器

电流继电器可分为过电流继电器和欠电流继电器。过电流继电器主要用于频繁、重载启动的场合作为电动机的过载和短路保护。

（1）电流继电器的型号及含义

电流继电器的型号及含义如图 3-4 所示。

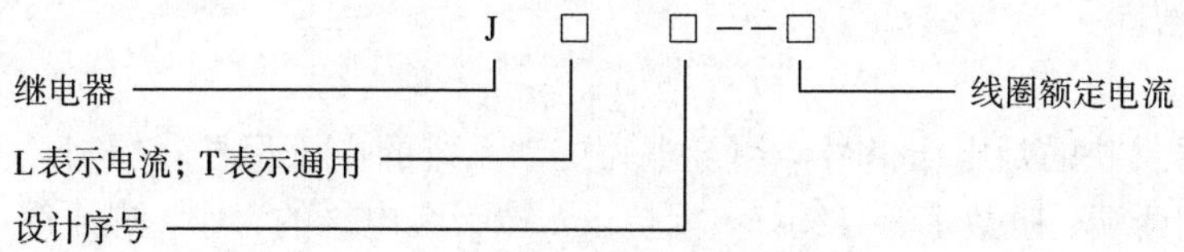

图 3-4　电流继电器的型号及含义

（2）电流继电器的结构及工作原理

电流继电器的结构及工作原理，如图 3-5 所示。

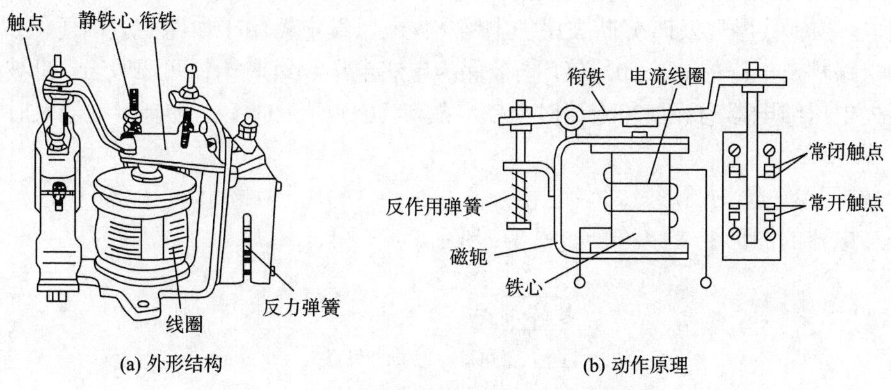

图 3-5　过电流继电器的外形结构及动作原理

电流继电器反映的是电流信号，其线圈匝数少、导线粗、阻抗小，用来感测主电路的电流，触点接于控制电路，为执行元件。

过电流继电器的线圈串接在主电路中，当通过线圈的电流为额定值时，它所产生的电磁吸力不足以克服反作用弹簧力，常闭触点保持闭合状态；当通过线圈的电流超过整定值后，电磁吸力大于反作用弹簧力，铁心吸引衔铁使常闭触点分断，切断控制电路，使负载得到保护。调节反作用弹簧力，可整定继电器动作电流。过电流继电器在电路正常工作时不动作，整定范围通常为额定电流的 1.1～3.5 倍。

（3）电流继电器的图形及文字符号

电流继电器的图形及文字符号如图 3-6 所示。

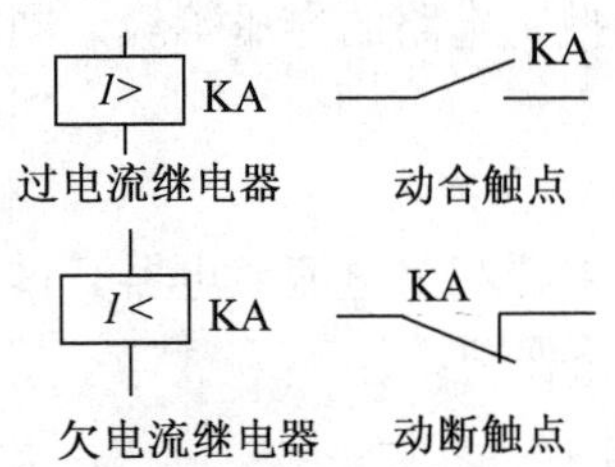

图 3-6　过电流继电器的图形、文字符号

3. 电压继电器

（1）结构

电压继电器反映的是电压信号，用于电力拖动系统的电压保护和控制。使用时其线圈并联在被测电路的两端，匝数多、导线细、阻抗大。按吸合电压的大小，电压继电器可分为过电压继电器和欠电压继电器。

（2）工作原理

过电压继电器用于电路的过电压保护，当被保护的电路电压正常时衔铁不动作；当被保护电路的电压高于额定值，达到过电压继电器的整定值时，衔铁吸合，其触点机构动作，使控制电路失电，控制接触器及时分断被保护电路。欠电压继电器用于电路的欠电压保护，其释放整定值为电路额定电压的 0.1～0.6 倍。当被保护电路电压正常时衔铁可靠吸合，当被保护电路电压降至欠电压继电器的释放整定值时衔铁释放，其触点机构复位，控制接触器及时分断被保护电路。

（3）电压继电器的图形及文字符号

电压继电器的图形及文字符号如图 3-7 所示。

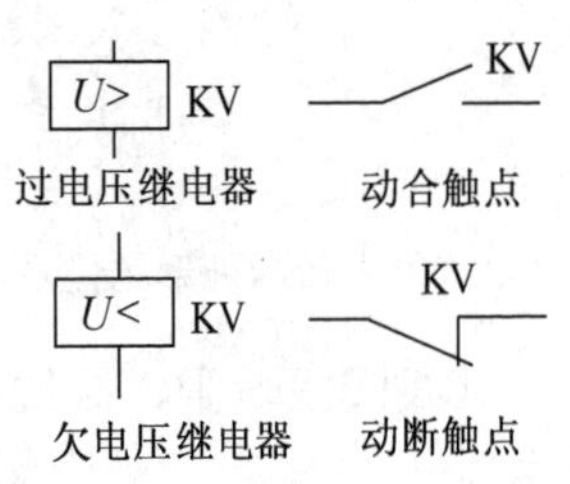

图 3-7　电压继电器的电气符号

4. 时间继电器

时间继电器是一种利用电磁原理或机械动作原理，实现触点延时闭合或断开的自动控制继电器。时间继电器的延时类型有通电延时和断电延时两种形式。

通电延时即从继电器线圈通电开始，延迟一定时间后触点闭合或断开，当线圈断电时，触点立即回到初始状态。

断电延时即继电器线圈通电时，触点立即闭合或断开，从线圈断电开始，延时一定时间后触点回到初始状态。

（1）时间继电器的结构和工作原理

时间继电器的种类很多，按其结构和工作原理可分为空气阻尼式时间继电器、电子式时间继电器、电动式时间继电器、电磁式时间继电器等。

1）空气阻尼式时间继电器

空气阻尼式时间继电器又称为气囊式时间继电器，其延时范围较宽（0.4～180s）可用作断电延时，也可方便地通过改变其电磁机构位置获得通电延时。

空气阻尼式时间继电器由电磁系统、触头系统及延时机构三部分组成。图 3-8 为 JS7-A 型空气阻尼式时间继电器的工作原理图，其中电磁系统包括线圈、衔铁、铁心、反力弹簧及弹簧片等；触头系统包括两对瞬时触头（一对瞬时闭合，另一对瞬时分断）和两对延时触头；延时机构为一个空气室，内有一块橡皮膜和活塞，随空气量的增减而移动，气室有调节螺钉可以调节延时的长短；传动机构包括推板、推杆、杠杆及宝塔弹簧等。

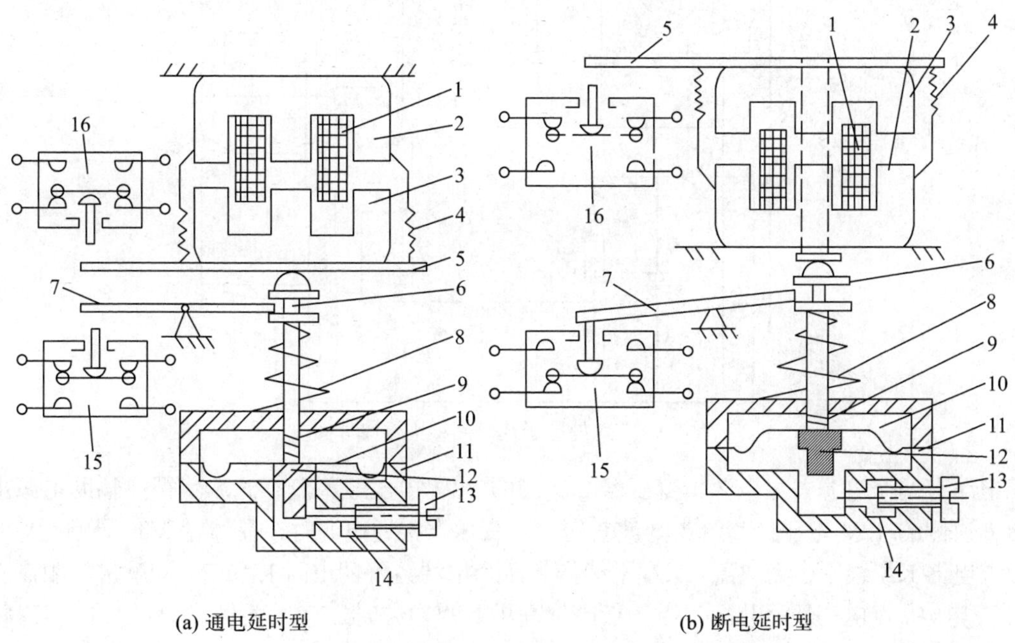

(a) 通电延时型　　(b) 断电延时型

图 3-8　JS7-A 型空气阻尼式时间继电器的工作原理图

图 3-8（a）所示为通电延时型时间继电器，工作原理如下：

当线圈 1 通电时产生磁场，衔铁 3 克服反力弹簧阻力与铁心吸合，活塞杆 6 在塔形弹簧 8 作用下带动活塞 12 及橡皮膜 10 向上移动，橡皮膜下方空气室空气变得稀薄形成负压，活塞杆只能缓慢移动，其移动速度由进气孔气隙大小来决定。经一段延时后，活塞杆通过杠杆 7 压动微动开关 15，使其触点动作，起到通电延时作用。

当线圈断电时，衔铁释放，橡皮膜下方空气室内的空气通过活塞肩部所形成的单向阀迅速排出，使活塞杆、杠杆、微动开关等迅速复位。从线圈得电到触点动作的一段时间即为时间继电器的延时时间，延时长短通过调节螺钉 13 调节进气孔气隙大小来改变。

将图 3-8（a）所示通电延时型时间继电器的电磁铁翻转 180°安装，即变成图 3-8（b）所示的断电延时型时间继电器。它的动作原理与通电延时型时间继电器基本相似，在此不再赘述，读者可自行分析。

空气阻尼式时间继电器结构简单、价格低廉、延时范围较大（0.4～180s），但延时误差较大，难以精确地整定延时时间，常用于对延时精度要术不高的场合。

2）电子式时间继电器

电子式时间继电器又称半导体时间继电器，是利用 RC 电路电容器充放电原理实现延时的。以 JSJ 系列时间继电器为例，其电原理图如图 3-9 所示。

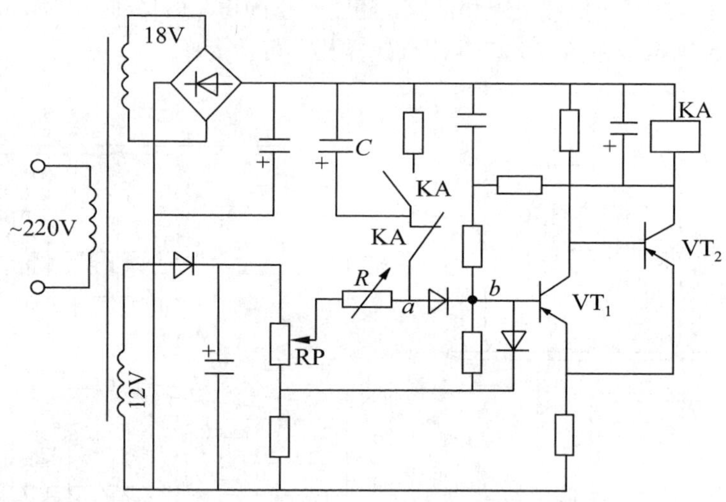

图 3-9　JSJ 型电子式时间继电器原理图

电路有两个电源：主电源由变压器二次侧的 18V 电压经整流、滤波获得；辅助电源由变压器二次侧的 12V 电压经整流、滤波获得。当变压器接通电源时，晶体管 VT_1 导通，VT_2 截止，继电器 KA 线圈中无电流，KA 不动作。两个电源经可调电阻 RP、R、KA 常闭触点向电容 C 充电。a 点电位逐渐升高。当 a 点电位高于 b 点电位时，VT_1 截止，VT_2 导通，VT_2 集电极电流流过继电器 KA 的线圈，KA 动作，输出控制信号。图 3-5 中，KA 的动断触点断开充电电路，动合触点闭合将电容放电，为下次工作做好准备。

调节 RP，可改变延时时间。这种时间继电器体积小、延时范围大（0.2～300s）、延时精度高、寿命长，在工业控制中得到广泛应用。

电子式时间继电器的输出有两种形式：有触点式和无触点式。前者是用晶体管驱动小型电磁式继电器，后者是采用晶体管或晶闸管输出。

（2）时间继电器的常用型号及电气符号

1）时间继电器的常用型号及含义如图 3-10 所示。

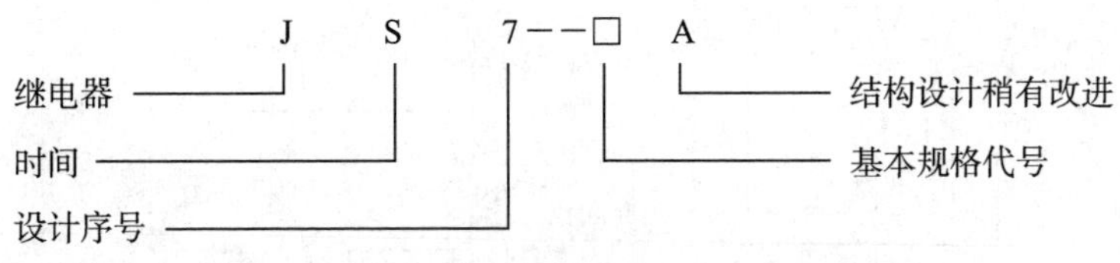

图 3-10 时间继电器的常用型号及含义

2）时间继电器的图形及文字符号如图 3-11 所示。

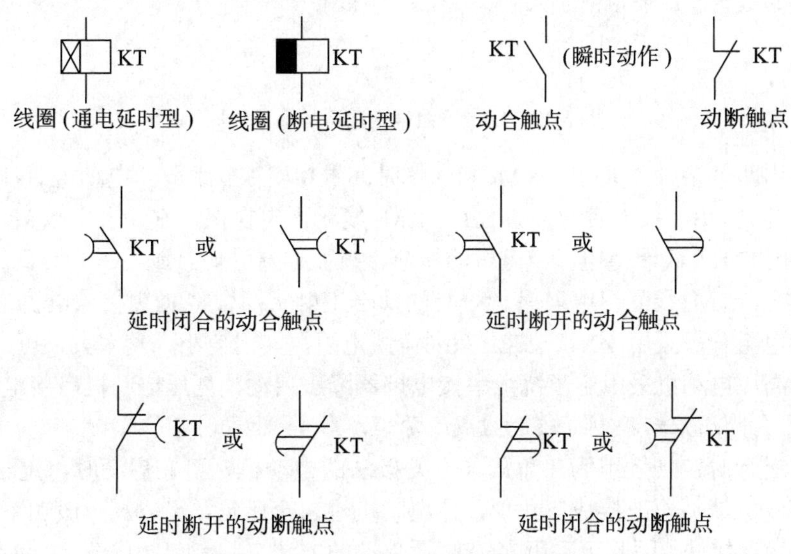

图 3-11 时间继电器的图形及文字符号

二、电动机降压启动控制电路

1. 定子绕组串电阻降压启动电路

图 3-12 所示电路为定子绕组串电阻降压启动电路。电动机启动时在其三相定子绕组串接电阻或电抗器，启动电流在电阻或电抗器上产生压降，使加在电动机绕组上的电压降低，使启动电流减小。待电机转速接近额定转速时，再将电阻或电抗器短接，使电动机在额定电压下运行。

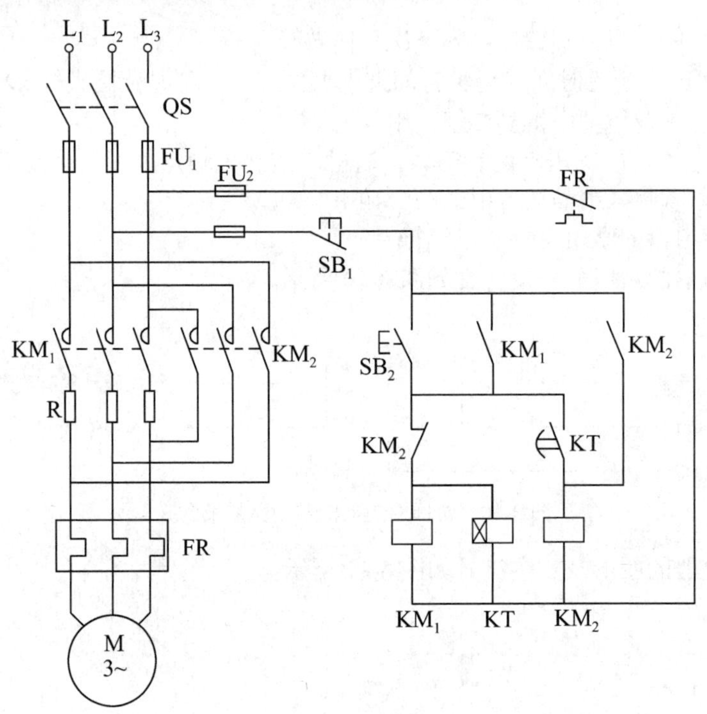

图 3-12　定子绕组串电阻降压启动电路

此电路是用两个接触器 KM_1、KM_2 和一个时间继电器 KT 组成。电动机启动过程如下：

合上隔离开关 QS，按下启动按钮 SB_2，KM_1 线圈得电自保，其动合主触头闭合，电动机串电阻启动，同时 KT 线圈得电；当电机的转速接近正常转速时，到达 KT 的整定时间，其动合延时触头闭合，KM_2 线圈得电自保，KM_2 的动合主触头闭合将 R 短接，电机全压运转。

降压启动电阻一般采用 ZX1、ZX2 系列铸铁电阻，其阻值小、功率大，可允许通过较大的电流。通常高压电动机采用定子绕组串接电抗器降压启动，低压电动机串接电阻降压启动。

2. *星—三角降压启动控制电路的组成、原理*

对于正常运行时定子绕组为三角形（△）接法的电动机，可在启动时将定子绕组接成星形（Y），等启动完毕后再改接成三角形，使电动机进入全压正常运行。一般功率 4kW 以上的电动机均为三角形接法，因此可采用 Y/△降压启动的方法来限制启动电流。图 3-13 为 Y/△降压启动控制电路图。

在图 3-13 中，接触器 KM_1 接通三相电源，KM_Δ 将定子绕组接成三角形，接触器 KM_Y 将定子绕组接成星形。合上隔离开关 QS，按下启动按钮 SB_2 后，接触器 KM_1 得电并自锁，同时 KT、KM_Y 也得电，KM_1、KM_Y 主触头同时闭合，电机定子绕组接成星形启动。当电机转速接近正常转速时，时间继电器 KT 其延时动断触头断开，KM_Y 线圈断电，延时动合触头闭合，KM_Δ 线圈得电，同时 KT 线圈也失电。这时，KM_1、KM_Δ 主触头处于闭合状态，电动机定子绕组转换为三角形连接，电机全压运行。图中把 KM_Δ、KM_Y 的动断触头串联到对方线圈电路中，构成“互锁”电路，避免 $KM_{\triangle}$与 KM_Y 同时闭合，引起电源短路。

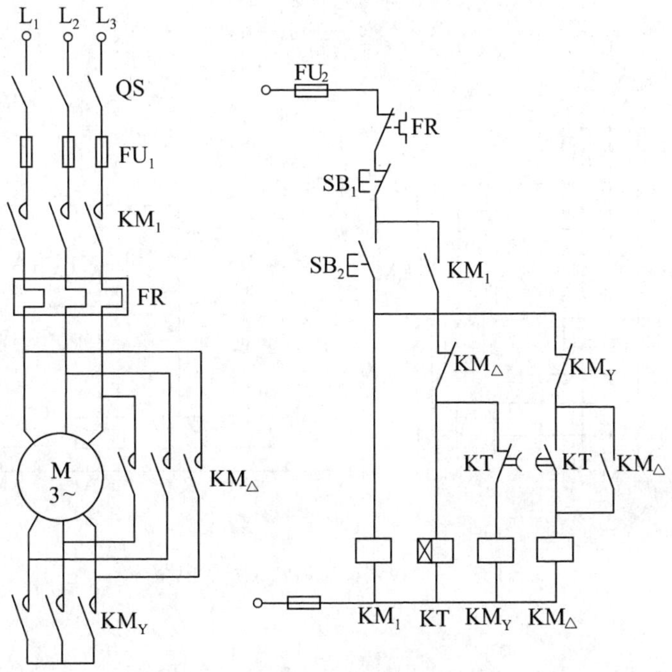

图 3-13　Y/△降压启动控制电路图

电动机采用 Y/△降压启动时，其启动电压为额定电压的$1/\sqrt{3}$，启动电流为全压启动电流的 1/3，从而限制了启动电流。但由于启动转矩也随之降至全压启动的 1/3，所以仅适用于空载或轻载启动。

Y/△降压启动投资较少、线路简单、操作方便，普遍应用与机床电动机控制系统中。

3. 自耦变压器降压启动控制电路

对于容量较大，正常运行时定子绕组为星形接法的笼型异步电动机，可用自耦变压器降压启动。电动机启动时，先经自耦变压器降压，限制启动电流，当转速接近额定转速时，切除自耦变压器转入全压运行，图 3-14 为自耦变压器降压启动的控制电路。

图 3-14 中，接触器 KM_1 为降压启动接触器、KM_2 为运行接触器，KA 为中间继电器，KT 为降压启动时间继电器。

合上隔离开关 QS，按下 SB_2，KM_1、KT 线圈得电并自锁，KM_1 的主触点将自耦变压器接入，电动机定子绕组经自耦变压器供电作降压启动。当电机的转速接近正常工作转速时，到达 KT 的整定时间，KT 的动合延时触点闭合，KA 得电并自锁，KA 的动断触点断开使 KM_1 失电，自耦变压器 T 被切除，KA 的动合触点闭合，使 KM_2 得电，电动机全压运行。

自耦变压器二次绕组有多个抽头，能输出多种电源电压，启动时能产生多种转矩，一般比星形一三角形启动时的启动转矩大得多。自耦变压器虽然价格较贵，而且不允许频繁启动，但仍是三相笼型异步电动机常用的一种降压启动装置。

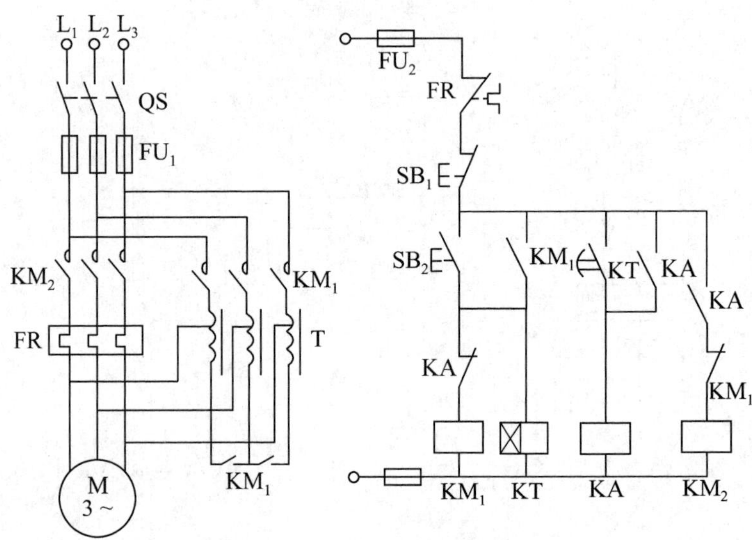

图 3-14　自耦变压器降压启动电路

【任务实施】

一、制作工具、器材选择

按图 3-9 所示电路选择器件，器件清单如下：三相交流电动机 1 台（2.2kW）、交流接触器 3 个（380V，10A）、数字式时间继电器 1 个、热继电器 1 个（整定电流 5A）、10A 熔断器 3 个、5A 熔断器 2 个、启动按钮 1 个（绿色）、停止按钮 1 个（红色）、隔离开关 1 个（用 16A 低压断路器代替）、万用表 1 块、电工工具、导线若干、电路装配网板一块。

二、星－三角降压启动控制电路的安装

（1）电气元件（熔断器、接触器、按钮、电动机）的选择及检测。

（2）根据图 2-11 所示的电路原理图绘制位置图，在装配网板上布置、固定电气元件，安装线槽。

（3）绘制接线图，在装配网板上按接线图的走线方法，采用板前槽配线的配线方式布线。

（4）安装电动机。

（5）连接电动机金属外壳的保护接地线。

（6）连接电源、电动机等控制盘外部的导线。

（7）自检布线的正确性、合理性、可靠性及元件安装的牢固性。

三、电路调试

可使用“项目一”中介绍的用万用表测“电阻法”进行电路的调试。

1. 主电路调试

取下 FU_2 熔体，断开控制电路，装好 FU_1 熔体，将万用表拨在 R×1k 电阻挡位，用万用表分别测量开关 QS 下端三接线端子之间的电阻，应均为断路（R→∞）。若某次测量结果为 R→0，这说明所测两相之间的接线有短路现象，应仔细检查排除故障。

Y 启动电路，取下接触器 KM_1、KM_Y 的灭弧罩，同时按下接触器 KM_1 和 KM_Y 的动触头，将万用表拨在 R×1 电阻挡位，重复上述测量，此时万用表的测量值应分别为电动机各相绕组的电阻值。若某次测量结果为 R→∞或 R→0，说明所测得两相之间的接线有断路或短路现象，应仔细检查，找出断路点，并排除故障。

△运行电路，取下接触器 KM_Δ 的灭弧罩，同时按下接触器 KM_1 和 KM_Δ 的动触头，将万用表拨在 R×1 电阻挡位，重复上述测量，此时电路应导通，且万用表测得的阻值应为电动机绕组的电阻值，同样，若测量结果为 R→∞或 R→0，说明所测得两相之间的接线有断路或短路现象，应仔细检查，找出断路点，并排除故障。

2. 检查控制电路

装好 FU_2 熔体，按照“项目二”万用表“测电阻法”的方法进行检查，具体步骤在此不再叙述。

四、通电试车

检查三相电源，将热继电器按电动机的额定电流整定好，在一人操作一人监护下进行试车。

（1）空操作试验。拆掉电动机绕组的连线，合上开关 QS。按下启动按钮 SB_2，KM_1、KM_Y 和 KT 线圈应同时通电动作，待 KT 的延时断开触头分断后，KM_Y 断电释放，同时 KT 的延时闭合触头接通，KM_Δ 线圈通电动作，KM_Δ 动断触头分断，KM_Y 和 KT 退出运行。按下停车按钮 SB_1、KM_1 和 KM_Δ 同时释放。重复操作几次，检查线路动作的可靠性。

（2）带负载试车。断开电源，恢复电动机连接线，并作好停车准备，合上开关 QS，接通电源。按下启动按钮 SB_2，电动机通电启动，应注意电动机运行的声音，待几秒后线路转换，观察电动机是否全压运行转速达到额定值。若 Y/△转换时间不合适，可调节时间继电器 KT 的数字显示，使延时转换时间更准确。如试车结果与上述分析不同，应停电后继续检查主电路和控制电路，直到故障排除为止。

【能力考评】

配分、评分标准见表 3-1。

表 3-1　配分、评分标准

项目内容	配分	评分标准				扣分
安装前检查	15	1．电动机质量检查，每漏一处扣 5 分 2．元器件检查漏检或错检每处扣 2 分				
安装元件	15	1．元件布置不整齐、不均匀、不合理，每只扣 3 分 2．元件安装不牢固，每只扣 3 分 3．安装元器件时漏装木螺钉，每只扣 1 分 4．元件损坏每只扣 15 分				
布　线	30	1．不按电路图接线扣 25 分 2．布线不符合要求：主电路每根扣 4 分，控制线路每根扣 2 分 3．接点松动、漏铜过长、压绝缘层、反圈等，每处扣 1 分 4．损伤导线绝缘或线芯，每根扣 2 分 5．漏套或错套编码管，每处扣 2 分 6．漏接接地线扣 10 分				
通电试车	40	1．热继电器未整定或整定错扣 5 分 2．主、控电路熔体规格配错各扣 5 分 3．第一次试车不成功扣 20 分，第二次试车不成功扣 30 分，第三次试车不成功扣 40 分				
安全文明生产	违反安全文明生产扣 5～40 分					
额定时间 120 分钟	每超过 5 分钟，扣 5 分					
备　注	除定额时间外，各项目最高扣分不应超过配分数				成　绩	
开始时间		结束时间			实际时间	

思考与练习

1．三相鼠笼式异步电动机主要有哪几种降压启动方法？各有什么特点？

2．异步电动机的 Y/△降压启动适合什么接法的电动机？分析电动机在启动过程中，电动机定子绕组的连接方式。

3．三相鼠笼式异步电动机 Y/△降压启动的启动电流是直接启动电流的多少倍？

4．以图 3-9 所示电路为例，若按下 SB_2 后，电动机能星形启动，而松开按钮 SB_2，电动机立即停转，请分析可能的故障原因。

5．如图 3-9 所示电路，若按下 SB_2 后，电动机能星形启动，但不能三角形运行，请分析可能的故障原因。

任务二 电动机的星－三角降压启动的PLC控制电路装调

知识目标：

1. 熟练掌握西门子S7-200系列可编程控制器的定时器指令、计数器指令的使用方法；
2. 能够利用定时器指令编制电动机的星－三角降压启动电路PLC程序。

技能目标：

1. 熟悉编译调试软件的使用；
2. 电动机的星－三角降压启动电路控制程序的调试与运行。

【任务描述】

星－三角降压启动是笼型异步电动机常用的降压启动的方法，用继电器、接触器组成Y/△降压启动控制电路，具有投资少、线路简单、操作方便的优点；若采用PLC组成电动机Y/△降压启动控制电路，可进一步简化电路接线，减少使用的器件，提高电路的可靠性。

【相关知识】

一、定时器指令

S7-200系列PLC的定时器相当于继电器控制中的时间继电器，用于对内部时钟累计时间增量进行计时。S7-200系列PLC的软定时器有3种类型，它们分别是接通延时定时器TON、保持型接通延时定时器TONR和断开延时定时器TOF，其定时时间等于分辨率与设定值的乘积。定时器的分辨率有1ms、10ms、100ms三种，取决于定时器号码，如表3-2所示。

表3-2 定时器类型

工作方式	时基（ms）	最大定时范围（s）	定时器号
TONR	1	32.767	T0，T64
	10	327.67	T1-T4，T65-T68
	100	3276.7	T5-T31，T69-T95
TON/TOF	1	32.767	T32，T96
	10	327.67	T33-T36，T97-T100
	100	3276.7	T37-T63，T101-T255

定时器的设定值和当前值均为16位的有符号数（INT），允许的最大值为32767。定时器的预设值PT可寻址寄存器VW、IW、QW、MW、SMW、LW、AC、AIW、T、C及常数。

1. 接通延时定时器（TON）

（1）指令格式及功能（见表 3-3）

表 3-3　接通延时型定时器指令格式及功能

梯形图	语句表		功能
	操作码	操作数	
Txxx IN TON PT	TON	Txxx，PT	使能输入端 IN 为“1”时，定时器开始定时；当定时器当前值大于等于预定值 PT 时，定时器位变为 ON（位为“1”）；当定时器使能输入端 IN 由“1”变为“0”时，TON 定时器复位

说明：接通延时定时器 TON 用于单一间隔的定时。

（2）应用举例

接通延时定时器梯形图、时序图如图 3-15 所示。

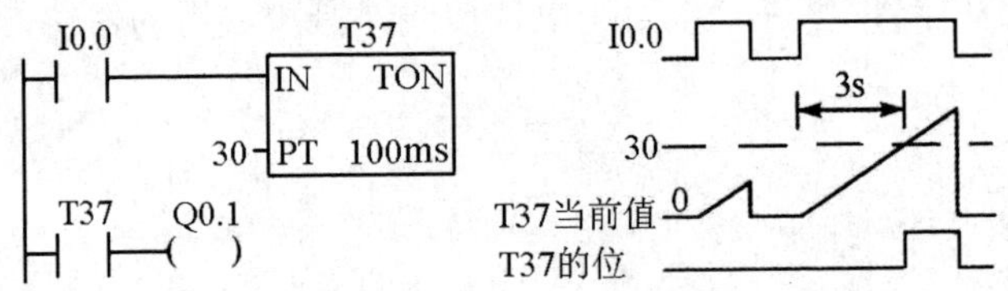

图 3-15　接通延时定时器梯形图、时序图

2. 保持型接通延时定时器（TONR）

（1）指令格式及功能（见表 3-4）

表 3-4　保持型接通延时定时器指令格式及功能

梯形图	语句表		功能
	操作码	操作数	
Txxx IN TONR PT	TONR	Txxx，PT	使能输入端 IN 为“1”时， TONR 定时器开始延时；为“0”时，定时器停止计时，并保持当前值不变；当定时器当前值达到预定值 PT 时，定时器位变为 ON（位为“1”）

说明：

1）TONR 定时器的复位只能用复位指令来实现。

2）利用 TONR 定时器指令的时间记忆功能，可实现对多次输入接通时间的累加。

（2）应用举例

保持型接通延时定时器的梯形图、时序图如图 3-16 所示。

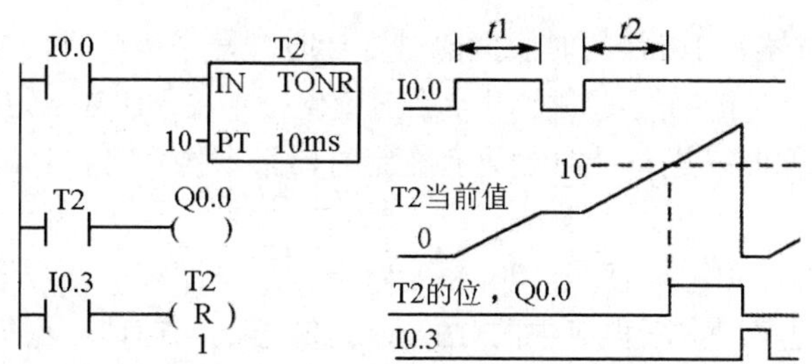

图 3-16　保持型接通延时定时器的梯形图、时序图

3. 断开延时定时器（TOF）

（1）指令格式及功能（见表 3-5）

表 3-5　断开延时定时器指令格式及功能

梯形图	语句表		功能
	操作码	操作数	
$T_{×××}$ IN TOF PT	TOF	T_{XXX}，PT	使能输入端 IN 为“1”时，TOF 定时器位变 ON，当前值被清零；当定时器的使能输入端 IN 为“0”时，TOF 定时器开始定时；当前值达到预定值 PT 时，定时器位变为 OFF（该位为“0”）

说明：利用断开延时定时器 TOF 的工作特点，可实现某一事件（故障）发生后的时间延时。

（2）指令编程举例

断开延时定时器的梯形图、时序图如图 3-17 所示。

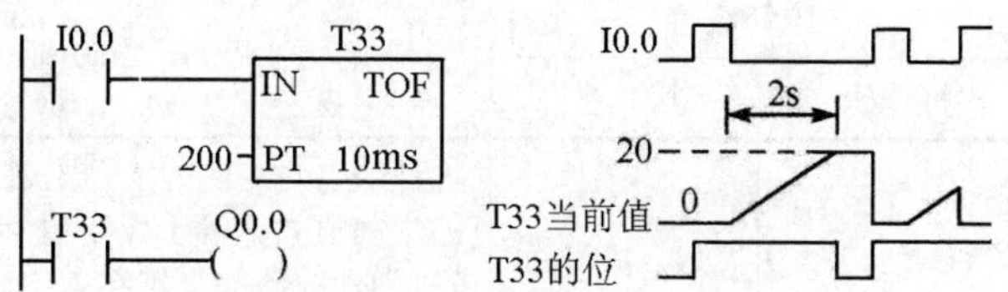

图 3-17　断开延时定时器的梯形图、时序图

4. 应用定时器指令应注意的问题

（1）不能把一个定时器号码同时用作接通延时器（TON）和断开延时定时器（TOF）。

（2）使用复位指令（R）对定时器复位后，定时器为 0，定时器当前值为 0。

（3）有记忆接通延时定时器（TONR）只能通过复位指令进行复位。

（4）对于断开延时定时器（TOF），启动电平输入端有一个负跳变（由 ON 到 OFF）的输入信号才能启动计时。

（5）不同精度的定时器，它们当前值的刷新周期是不同的：

1ms 定时精度定时器启动后，定时器对 1ms 的时间间隔（时基信号）进行计时。定时器当前值每隔 1ms 刷新一次，在一个扫描周期中要刷新多次，不和扫描周期同步；10ms 定时精度定时器启动后，定时器对 10ms 的时间间隔进行计时。程序执行时，在每次扫描周期开始对 10ms 定时器刷新，在一个扫描周期内定时器当前值保持不变；100ms 定时精度定时器启动后，定时器对 100ms 的时间间隔进行计时。只有在定时器指令执行时，100ms 定时器的当前值才被刷新。

在子程序和中断程序中不宜使用 100ms 定时器。子程序和中断程序不是在每个扫描周期都执行的，那么在子程序和中断程序中的 100ms 定时器的当前值就不能及时刷新，造成时基脉冲丢失，致使计时失准。

在主程序中，不能重复使用同一个 100ms 的定时器号，否则，该定时器指令在一个扫描周期中多次被执行，定时器的当前值在一个扫描周期中多次被刷新。这样，定时器就会产生多个时基脉冲，同样造成计时失准。

因而，100ms 定时器只能用于每个扫描周期内同一定时器指令执行一次，并且仅执行一次的场合。

二、计数器指令

计数器利用输入脉冲上升沿累计输入脉冲个数。S7-200 系列 PLC 有 3 类计数器：加计数器 CTU、减计数器 CDT 和增减计数器 CTUD。

1. 加计数器 CTU

（1）指令格式及功能（见表 3-6）

表 3-6　加计数器指令的格式及功能

梯形图	语句表		功能
	操作码	操作数	
C_{XXX} CU CTU R PV	CTU	C_{XXX}，PV	加计数器对 CU 的上升沿进行加计数；当计数器的当前值大于等于设定值 PV 时，计数器位被置 1；当计数器的复位输入 R 为 ON 时，计数器被复位，计数器当前值被清零，位值变为 OFF

说明：

1）CU 为计数脉冲输入端（数据类型为 BOOL 型）；R 为复位信号输入端（数据类型为 BOOL 型）；PV 为脉冲设定值输入端（数据类型为 INT 型），取值范围在 1～32767 之间。

2）计数器号码 C_{XXX} 在 0～256 范围内任选（C0～C255）。

3）计数器也可通过复位指令为其复位。

加计数器在复位端信号为 1 时，计数器的当前值为 0，计数器位也为 0。当复位端的信号为 0 时，计数器可以工作。在计数端每个脉冲输入的上升沿，计数器计数 1 次，计数器的当前值进行加 1 操作。当计数器的当前值大于等于设定值 PV 时，计数器位变为 1，这时再来计数脉冲时，计数器的当前值仍不断地累加，直到 32767 时，停止计数。直到复位信号到来，计数器的当前值复位（置为 0），计数器位变为 0。

（2）指令编程举例

药片自动数粒装瓶控制。采用光敏开关检测药片，每检测到 100 片药片后自动发出换瓶指令。设光敏开关输入信号连接到 I0.0，换瓶信号由 Q0.0 发出，则对应的 PLC 程序如图 3-18 所示。在系统正式工作前，首先将加计数器清 0，然后 I0.0 每检测到一片药片，加计数器自动加 1，当计数器的当前值等于设定值 100 时，加计数器位得电，使 Q0.0 得电发出换瓶信号。换瓶结束后，通过 I0.1 使加计数器复位，即可进入下一瓶的计数装瓶工作。

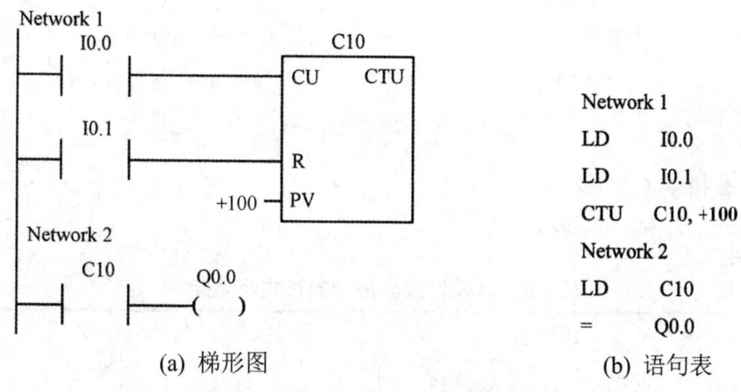

(a) 梯形图　　(b) 语句表

图 3-18　加计数器指令编程举例

2. 减计数器指令 CTD

（1）指令格式及功能（见表 3-7）

表 3-7　减计数器指令的格式及功能

梯形图	语句表		功能
	操作码	操作数	
Cxxx: CU CTD / LD / PV	CTD	Cxxx，PV	减计数器对 CD 的上升沿进行减计数；当当前值等于 0 时，该计数器位被置位，同时停止计数；当计数装载端 LD 为 1 时，当前值恢复为预设值，位值置 0

说明：

1）CD 为计数器的计数脉冲输入端；LD 为计数器的装载输入端（数据类型为 BOOL 型）；PV 为计数器的预设值，取值范围在 1～32767 之间。

2）减计数器的编号及预设值寻址范围同加计数器。

（2）指令编程举例

上述药片数粒装瓶控制，也可采用减计数器指令 CTD 来控制，其对应的 PLC 程序如图 3-19 所示。装瓶计数之前，首先通过 I0.1 使减计数器的预定值装载至当前值，然后 I0.0 每检测到一片药片，减计数器自动减 1，直到减计数器的当前值减到 0 时，减计数器位置 1，换瓶信号 Q0.0 得电。

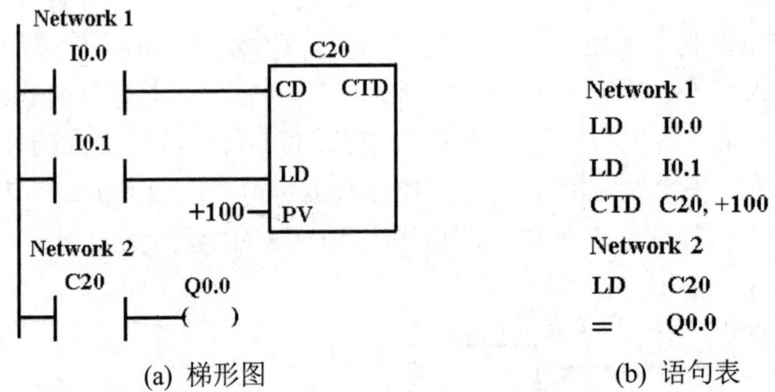

(a) 梯形图　　(b) 语句表

图 3-19　减计数器指令编程举例

3. 增减计数器指令 CTUD

（1）指令格式及功能（见表 3-8）

表 3-8　增减计数器指令的格式及功能

梯形图	语句表		功能
	操作码	操作数	
C_{XXX} CU CTUD CD R PV	CTUD	C_{XXX}，PV	在加计数脉冲输入 CU 的上升沿，计数器的当前值加 1，在减计数脉冲输入 CD 的上升沿，计数器的当前值减 1，当前值大于等于设定值 PV 时，计数器位被置位。若复位输入 R 为 ON 时或对计数器执行复位指令 R 时，计数器被复位

说明：

1）CU 为增计数脉冲输入端；CD 为减计数脉冲输入端；R 为复位信号输入端；PV 为脉冲设定值输入端。

2）增减计数器在复位端信号为 1 时，计数器的当前值为 0，计数器位也为 0。当复位端的信号为 0 时，计数器可以工作。

3）每当一个增计数器输入脉冲上升沿到来时，计数器的当前值进行加 1 操作。当计数器的当前值大于等于设定值 PV 时，计数器位变为 1。这时再来增计数脉冲时，计数器的当前值仍不断地累加，达到最大值 32767 后，下一个 CU 脉冲上升沿使计数值跳变为最小值（-32768）并停止计数。

4）每当一个减计数器输入脉冲上升沿到来时，计数器的当前值进行减 1 操作。当计数器的当前值小于设定值 PV 时，计数器位变为 0。再来减计数脉冲时，计数器的当前值仍不断地递减，达到最小值（-32768）后，下一个 CD 脉冲上升沿使计数值跳变为最大值（32767）停止计数。

（2）指令编程举例

假定输入 I0.2 闭合，C30 复位，I0.2 断开后，C30 开始计数，I0.0 每来一个脉冲，C30 的当前值加 1，I0.1 每来一个脉冲，C30 的当前值减 1，当前值大于等于设定值，C30 的计数器位置 1，输出 Q0.0；当 I0.2 再闭合，C30 又被复位，准备下一次计数。对应的梯形图程序及时序图如图 3-20 所示。

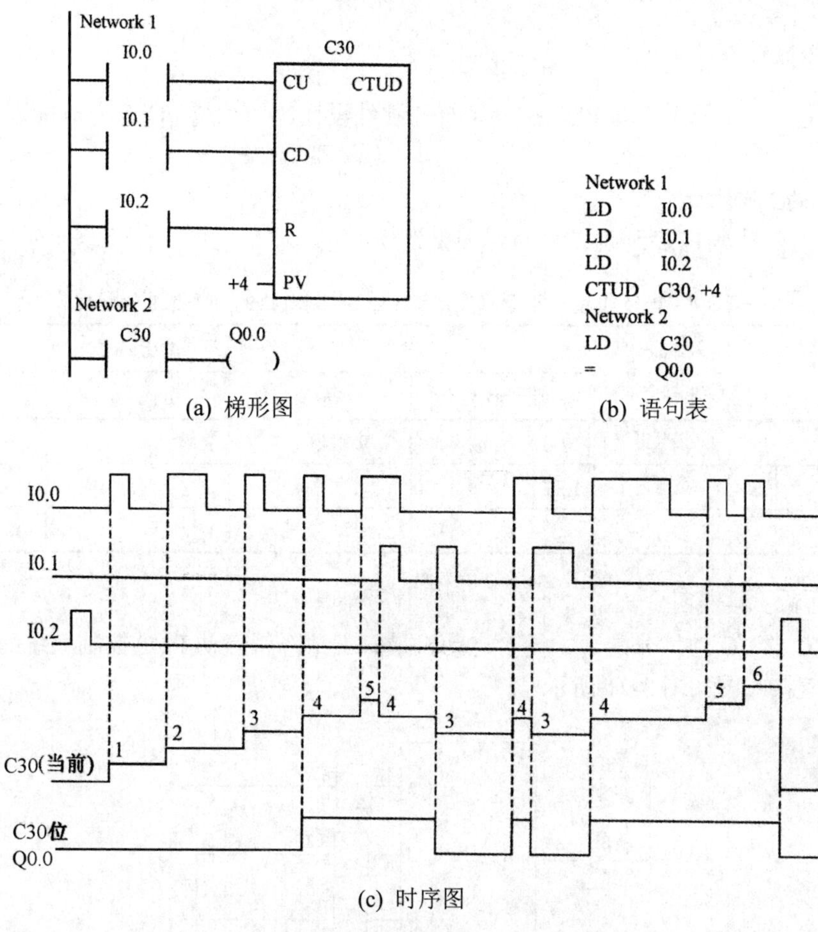

图 3-20　加减计数器指令编程举例

4. 应用计数器指令应注意的问题

（1）可以用复位指令来对 3 种计数器复位，执行复位指令后，计数器位变为 0，计数器当前值变为 0（CTD 变为预设值 PV）。

（2）在一个程序中，同一个计数器号码只能使用一次。

（3）脉冲输入和复位输入同时有效时，优先执行复位操作。

【任务分析】

一、输入/输出信号分析

通过电动机星－三角降压启动 PLC 控制系统的控制要求可知，系统输入点数 2 个，输出点数 3 个，可选用 S7-200 型 PLC 进行控制。

二、系统硬件设计

电动机星－三角降压启动 PLC 控制系统的硬件设计包括系统 I/O 元件分配表和输入/输出接线图。

1. 系统的 I/O 地址分配

输入/输出信号与 PLC 地址编号对照表见表 3-8 所示。

表 3-8　电动机星－三角降压启动 PLC 控制电路的 I/O 地址分配表

输入端子			输出端子		
名称	代号	端子代号	名称	代号	端子编号
启动按钮	SB_1	I0.0	主接触器	KM_1	Q0.1
停止按钮	SB_2	I0.1	Y 启动接触器	KM_2	Q0.2
			△启动接触器	KM_3	Q0.3

2. 输入/输出接线图

依照 PLC 的 I/O 地址分配表，结合电动机星－三角降压启动 PLC 控制系统的控制要求，PLC 控制电气接线图如图 3-21 所示。

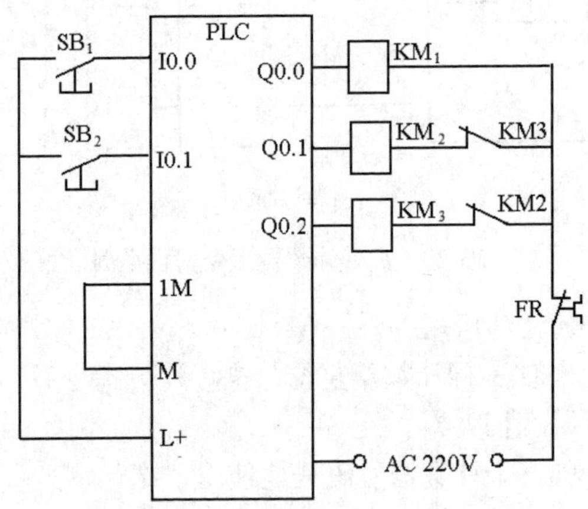

图 3-21　Y/△降压启动 PLC 控制接线图

三、系统软件设计

电动机正反转控制系统的梯形图程序，如图 3-22 所示。

电动机 Y/△降压启动控制梯形图程序如图 3-22 所示。按下启动按钮 SB_1，动合触点 I0.0 闭合，Q0.0 得电并自锁，接触器 KM_1 吸和，接通电动机的电源；Q0.0 动合触点闭合，定时器 T37 得电，同时 Q0.1 也得电，接触器 KM_2 吸和，使电动机定子绕组接成 Y 形降压启动。T37

定时 5s 后，T37 动断触点断开，Q0.1 失电，接触器 KM_2 释放，同时 T37 动合触点闭合，Q0.2 得电，接触器 KM_3 吸和，电动机定子绕组接成△连接，电动机进入正常工作状态。

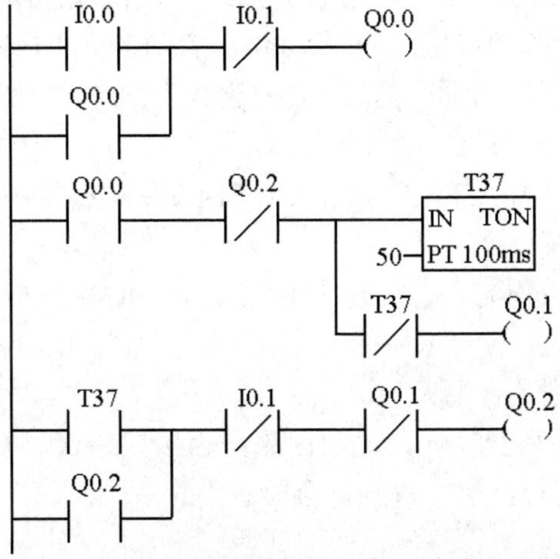

图 3-22 电动机 Y/△降压启动控制梯形图程序

按下停止按钮 SB_2，则 Q0.0、Q0.2 断电，电动机停止运行。

【任务实施】

一、器材准备

任务实施所需器材见表 3-9。

表 3-9 任务实施器件准备

器材名称	数量
PLC 基本单元 CPU224	1 个
计算机	1 台
电动机 Y/△降压启动控制模拟装置	1 台
控制开关	2 个
导线	若干
交、直流电源	1 套
电工工具及仪表	1 套

二、实施步骤

1. 程序输入

连接 PLC 主机和计算机，接通 PLC 电源，打开 S7-200 编程软件，建立电动机 Y/△降压启动 PLC 控制项目，输入图 3-22 所示的梯形图程序。

2. 系统安装接线

根据图 3-21 所示的 PLC 输入/输出接线图接线。系统输出接触器 KM_1、KM_2、KM_3 分别用实训装置上的 3 个指示灯模拟（电源使用 12V）；启动、停止按钮输入用实训装置上的开关模拟。安装接线时注意各触点要牢固，同时，要注意文明操作，接线时需在断电的情况下进行。

3. 系统调试

确定硬件接线正确后，合上 PLC 电源开关和输出回路电源开关，将图 3-22 所示的梯形图输入到 PLC 中，进行系统模拟调试。

闭合电动机启动按钮的模拟开关，观察接触器 KM_1、KM_2 的指示灯是否点亮，延时 5s 后，模拟 KM_2 的指示灯是否熄灭，模拟 KM_3 的指示灯是否点亮。闭合模拟停止按钮的开关，观查接触器 KM_1、KM_3 的指示灯是否熄灭。

如果结果不符合要求，检查输入及输出回路是否接线错误，检查程序是否有误。排除故障后重新送电，再次观察运行结果，直到符合要求为止。

【能力考评】

任务考核点及评价标准见表 3-10。

表 3-10　任务考核点及评价标准

序号	考评内容	考核方式	考核要求	评分标准	配分	扣分	得分
1	硬件接线	教师评价+互评	正确进行 I/O 分配能正确进行 PLC 外围接线	1. I/O 分配错误，每处扣 2 分 2. PLC 端口使用错误，每处扣 4 分	30		
2	软件编程	教师评价+互评	能根据控制系统的要求和硬件接线，编写出控制梯形图程序和语句表程序	1. 梯形图程序错误，每处扣 1 分 2. 语句表程序错误，每处扣 1 分	40		
3	系统调试	教师评价+互评	能熟练地将程序下载到 PLC 中，并能快速、正确地调试好程序	1. 不能将程序下载到 PLC 中，扣 5 分 2. 程序调试不正确，扣 5 分	30		

【知识拓展】程序控制指令

程序控制指令的作用是控制程序的进行方向，如程序的跳转、循环等。在工程实践中常用来解决一些生产流程的选择性分支控制、并行分支控制等。

一、跳转与跳转标号指令

跳转与标号指令格式及功能如表 3-11 所示。

表 3-11　跳转与标号指令

梯形图程序	语句表程序	指令功能
N —(JMP)	JMP　N	跳转指令：当条件满足时，跳转到同一程序的标号（N）处
N LBL	LBL　N	标号指令：标记跳转目的地的位置（N）

说明：N 的取值范围是 0～255。跳转与标号指令可以在主程序、子程序或中断服务程序中使用，且两者只能用于同一程序段中。

例 1　假定 I0.3 为电动机 Y/△降压启动手动/自动控制选择开关，I0.0 为手动/自动启动按钮，兼手动切换控制按钮，I0.1 为停止按钮。当 I0.3 得电时，系统进入手动控制方式，Y/△切换通过手动完成；当 I0.3 不得电时，系统为自动控制方式，Y/△切换通过定时器自动进行。选择连续运行控制。

二、条件结束指令与停止指令

指令格式及功能如表 3-12 所示。

表 3-12　条件结束与停止指令

梯形图程序	语句表程序	指令功能
—(END)	END	条件结束指令：当条件满足时，终止用户程序的执行
—(STOP)	STOP	停止指令：立即终止程序的执行，CPU 从 RUN 到 STOP

说明：

（1）条件结束指令只能用在主程序，不能用在子程序和中断程序。

（2）如果 STOP 指令在中断程序中执行，那么该中断立即终止并且忽略所有挂起的中断，继续扫描程序中的剩余部分，在本次扫描的最后完成 CPU 从 RUN 到 STOP 的转变。

电动机控制方式选择程序如图 3-23 所示。

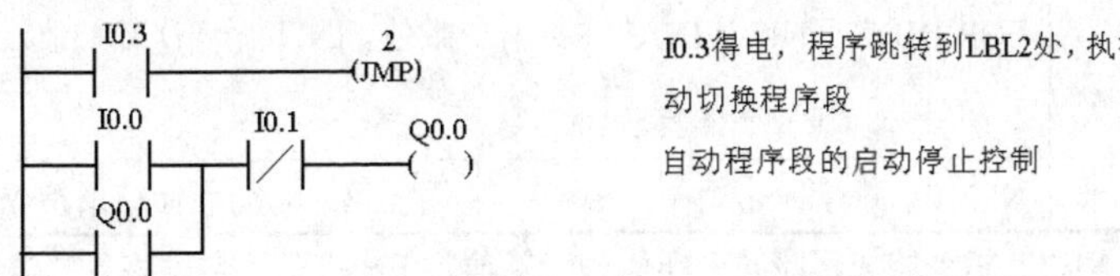

图 3-23　电动机控制方式选择程序

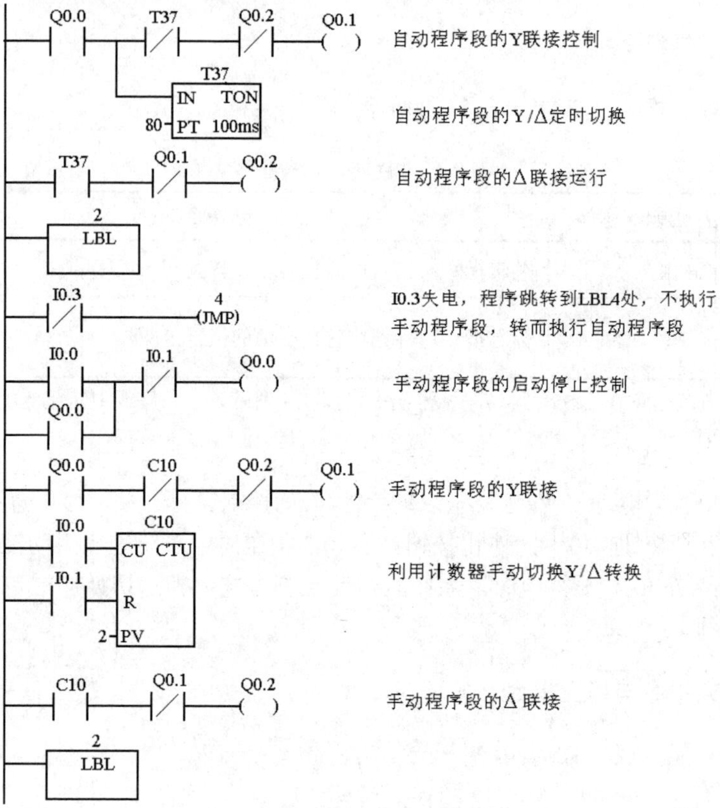
Q0.0
T37
Q0.2
Q0.1
自动程序段的Y联接控制
T37
IN TON
80 PT 100ms
自动程序段的Y/Δ定时切换
T37
Q0.1
Q0.2
自动程序段的Δ联接运行
2
LBL
I0.3
4
(JMP)
I0.3失电，程序跳转到LBL4处，不执行手动程序段，转而执行自动程序段
I0.0
I0.1
Q0.0
Q0.0
手动程序段的启动停止控制
Q0.0
C10
Q0.2
Q0.1
手动程序段的Y联接
I0.0
C10
CU CTU
I0.1
R
2 PV
利用计数器手动切换Y/Δ转换
C10
Q0.1
Q0.2
手动程序段的Δ联接
2
LBL

图 3-23　电动机控制方式选择程序（续图）

三、循环控制指令

程序循环控制结构用于控制一段程序的重复执行。

循环控制指令格式和功能如表 3-13 所示。

表 3-13　循环控制指令

梯形图程序	语句表程序	指令功能
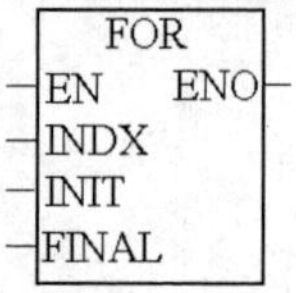FOR EN ENO INDX INIT FINAL	FOR INDX , INIT, FINAL	当条件满足时，循环开始，INDX 为当前计数值，INIT 循环次数初值，FINAL 为循环计数终值。
—(NEXT)	NEXT	循环返回，循环体结束指令

说明：由 FOR 和 NEXT 指令构成程序的循环体。使能输入 EN 有效，自动将各参数复位，循环体开始执行，执行到 NEXT 指令时返回。每执行一次循环体，当前计数器 INDX 增 1，达到终值 FINAL，循环结束。FOR/NEXT 必须成对使用。循环可以嵌套，最多为 8 层。

项目三

四、子程序的使用

将在主程序中不同位置多次使用的相同程序代码写成子程序，然后在主程序需要的地方调用子程序。当主程序调用子程序时，子程序执行全部指令直至结束，然后返回到主程序的子程序调用处。子程序是应用程序中的可选组件，只有被主程序、中断服务程序或其他子程序调用时，子程序才会执行。

1. 建立子程序

建立子程序是通过编程软件完成的，可以在“编辑”菜单中，选择插入（Insert）>子程序（Subroutine）；或者在“指令树”中，用鼠标右键单击“程序块”图标，从弹出的菜单中选择插入（Insert）>子程序（Subroutine）；或在“程序编辑器”窗口，用鼠标右键单击从弹出的菜单中选择插入（Insert）>子程序（Subroutine）。操作完成后在指令树窗口就会出现新建的子程序图标，其默认的程序名是 SBR_n（n 的编号是从 0 开始按加 1 的顺序递增的）。子程序的程序名可以在图标上直接修改。若需要编辑子程序可直接在指令树窗口双击其图标即可进行。

S7-200 系列 PLC 中除 CPU226XM 最多可以有 128 个子程序外，其他 CPU 最多可以有 64 个子程序。

2. 子程序指令

子程序指令及功能如表 3-14 所示。

表 3-14　子程序指令格式及功能

梯形图程序	语句表程序	指令功能
SBR 0 / EN	CALL SBR0	子程序调用指令：子程序编号从 0 开始，随着子程序个数的增加自动生成，可为 0～63
—(RET)	CRET	子程序有条件返回
无	RET	子程序无条件返回，系统能够自动生成

说明：

1）子程序调用指令编写在主程序中，子程序返回指令编写在子程序中。

2）CRET 多用于子程序的内部，根据前一个逻辑来判断是否结束子程序的调用，在梯形图中左边不能直接和左母线相连，而 RET 用于子程序的结束，在使用 Micro/Win32 软件进行编程时，软件自动在子程序结尾加 RET，无需手动输入。

3）S7-200 指令系统允许子程序嵌套使用，即在某个子程序的内部可以调用另一个子程序，但子程序的嵌套深度最多为 8 级。

4）当一个子程序被调用时，当前的堆栈数据会被系统自动保存，并将栈顶置 1，而堆栈中的其他位被清 0，子程序占有控制权。当子程序执行结束后，通过返回指令自动恢复原来的逻辑堆栈值，调用程序又重新获得控制权。

5）累加器可在调用程序和被调用子程序之间自由传送，所以累加器的值在子程序调用时既不保存也不恢复。

6）子程序中不得使用 END（结束）指令。

例 2 不带参数子程序调用的编程

电动机点动/连续运行控制程序的点动、连续运行部分可分别作为子程序编写，在主程序中根据需要调用也可很好地完成控制任务。

梯形图程序如图 3-24 所示。

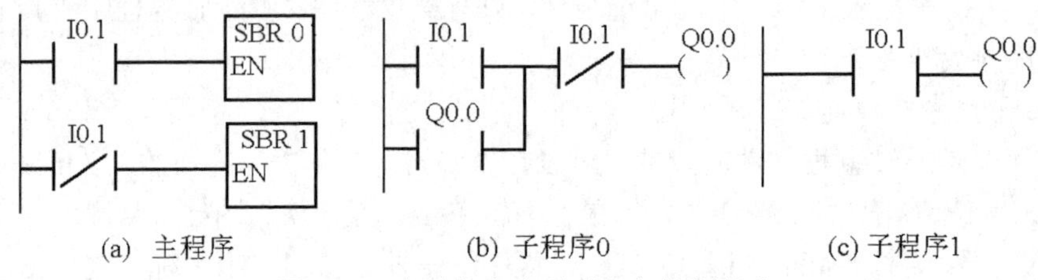

(a) 主程序　　(b) 子程序0　　(c) 子程序1

图 3-24　电动机点动/连续运行控制程序

3. 带参数子程序的调用

子程序调用过程中如果存在数据的传送，那么在调用指令中应包含相应的参数。带参数的子程序调用增加了调用的灵活性。

（1）子程序参数

子程序最多可以传送 16 个参数。参数包含变量名、变量类型和数据类型等信息，在子程序的局部变量表中加以定义。

变量名：最多用 8 个字符表示，首字符不能使用数字。

变量类型：按变量对应数据的传递方向来划分，可以是传入子程序（IN）、传入和传出子程序（IN/OUT）、传出子程序（OUT）和暂时变量（TEMP）4 种类型。4 种变量类型的参数在变量表中的位置必须按以下先后顺序排列。

1）IN 类型：传入子程序参数。可以是直接寻址数据（如 VB110）、间接寻址数据（如*AC1）、立即数（如 16#09）或数据的地址（如&VB100）。

2）IN/OUT 类型：传入和传出子程序参数。调用时将指定参数位置的值传到子程序，返回时将从子程序得到的结果返回到同一地址。参数只能采用直接或间接寻址。

3）OUT 类型：传出子程序参数。将从子程序得到的结果返回到指定的参数位置。同 IN/OUT 类型一样，只能采用直接或间接寻址。

4）TEMP 类型：暂时变量参数。在子程序内部暂存数据，不能用来与调用程序传递参数数据。

数据类型：可以是能流、布尔型、字节型、字型、双字型、整数型、双整数型或实数型。

1）能流：仅允许对位输入操作，是位逻辑运算的结果。在局部变量中布尔能流输入处于所有类型的最前面。

2）布尔型：用于单独的位输入或位输出。

3）字节、字和双字型：分别声明一个 1 字节、2 字节、4 字节的无符号输入和输出参数。

4）整数、双整数型：分别声明一个 2 字节、4 字节的有符号输入和输出参数。

5）实数型：声明一个 IEEE 标准的 32 位浮点参数。

（2）调用规则

常数必须声明数据类型，如果缺少常数参数声明，常数可能会被当做不同的数据类型使用。例如，把 223355 的无符号双字作为参数传递时，必须用 DW#223355 进行声明。

输入或输出参数没有自动数据类型转换功能。例如，在局部变量表中声明某个参数为实数型，而在调用时使用一个双字型，则在子程序中的值就是双字。

参数在调用时，必须按输入、输入输出、输出、暂时变量这一顺序进行排列。

（3）变量表的使用

按照子程序指令的调用程序，参数值分配给局部变量存储器，起始地址是 L0.0。若在局部变量表中加入一个参数，单击要加入的变量类型区可以得到一个菜单，选择“插入”，再选择“下一行”即可，系统会自动给各参数分配局部变量存储空间。

带参数的子程序调用指令格式：

CALL　子程序名　参数 1，参数 2，……，参数 n

例 3　带参数子程序编程

假定输入参数 VW2、VW10 到子程序中，则在子程序 0 的局部变量表里定义 IN1 和 IN2，其数据类型选为 WORD。再带参数调用子程序指令中，需将要传递到子程序中的数据 VW2、VW10 与 IN1、IN2 进行连接。这样，数据 VW2、VW10 在主程序调用子程序 0 时，就被传递到子程序的局部变量存储单元 LW0、LW2 中，子程序中的指令便可通过 LW0、LW2 使用参数 VW2、VW10。程序如图 3-25 所示。

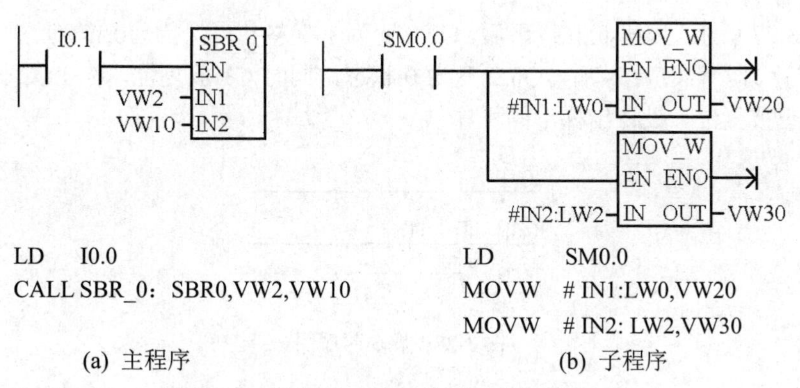

(a) 主程序　　(b) 子程序

图 3-25　带参数子程序调用指令的编程

五、与（ENO）指令

ENO 是梯形图和功能框图编程时指令盒的布尔能流输出端。如果指令盒的能流输入有效，同时执行没有错误，ENO 就置位。并将能流向下传递。ENO 可以作为允许位表示指令执行成功。在语句表程序中用 AENO 指令描述，没有操作数。

指令格式：AENO（无操作数）

当用梯形图编程时，指令盒后串联一个指令盒或线圈，如图 3-26 所示为与（ENO）指令使用举例。

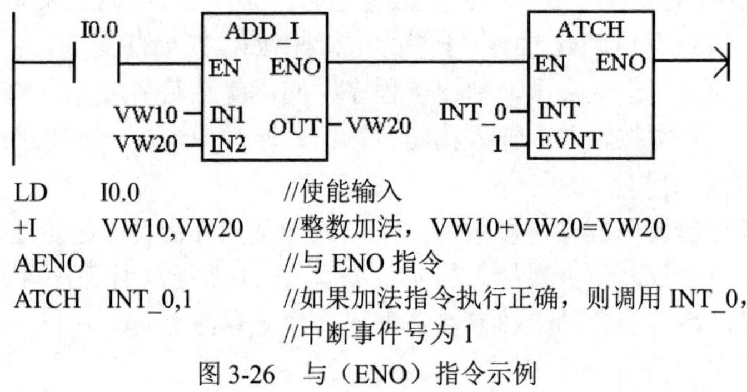


```
LD      I0.0              //使能输入
+I      VW10,VW20         //整数加法，VW10+VW20=VW20
AENO                      //与 ENO 指令
ATCH    INT_0,1           //如果加法指令执行正确，则调用 INT_0,
                          //中断事件号为 1
```

图 3-26　与（ENO）指令示例

思考与练习

1. S7-200 PLC 中共有几种分辨率的定时器？它们的刷新方式有何不同？共有几种类型的定时器？

2. S7-200PLC 中共有几种形式的计数器？对它们执行复位指令后，它们的当前值和位的状态如何变化？

3. 如图 3-27 所示，按钮 I0.0 按下后，Q0.0 变为 1 状态并自保持，I0.1 输入 3 个脉冲后（用 C1 计数），T37 开始计时，5s 后，Q0.0 变为 0 状态，同时 C1 被复位，在 PLC 开始执行用户程序时，C1 也被复位，设计出梯形图程序。

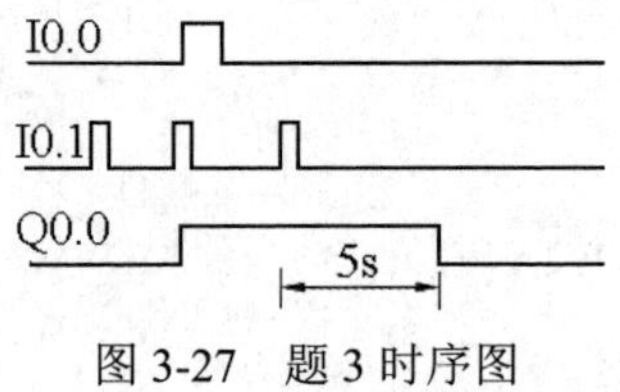

图 3-27　题 3 时序图

4. 两台电动机的控制要求是：第一台电动机运行 10s 后，第二台电动机开始运行；当第二台电动机运行 20s 后，两台电动机同时运行。试编制该控制的梯形图。

4

光伏发电系统电动机能耗制动控制电路的装调

任务一　接触器控制的电动机能耗制动电路的装调

知识目标：

1. 速度继电器的结构、原理及图形符号、文字符号；
2. 单管能耗制动控制线路的组成及工作原理。

技能目标：

1. 电动机单管能耗制动电路的安装、调试；
2. 用万用表检查主电路、控制电路，根据检查的结果判断电路的故障。

【任务描述】

交流异步电动机的定子绕组在脱离电源后，由于机械惯性的作用，转子需要一段时间才能完全停止。而在实际生产中，为了缩短辅助工作时间，提高生产效率，要求电动机快速、准确地停车，这就需要对电动机采取有效的制动措施。交流电动机的制动方法有机械制动和电气制动两种。机械制动是利用电磁铁进行机械抱闸；电气制动是产生一个与原来转动方向相反的制动力矩，迫使电动机迅速停转。常见的电气制动有能耗制动、反接制动和发电回馈制动等，本任务主要介绍机床电气中常见的能耗制动和反接制动控制线路。

【相关知识】

一、速度继电器

1. 速度继电器的结构组成和工作原理

速度继电器又称反接制动继电器，其作用是与接触器配合，对笼型异步电动机进行反接制动控制。

图 4-1 为 JY1 系列速度继电器的外形及结构示意图。从结构上看，与交流电机相类似，它主要由永久磁铁制成的转子、用硅钢片叠成的铸有笼形绕组的定子、支架、胶木摆杆和触点系统等组成。

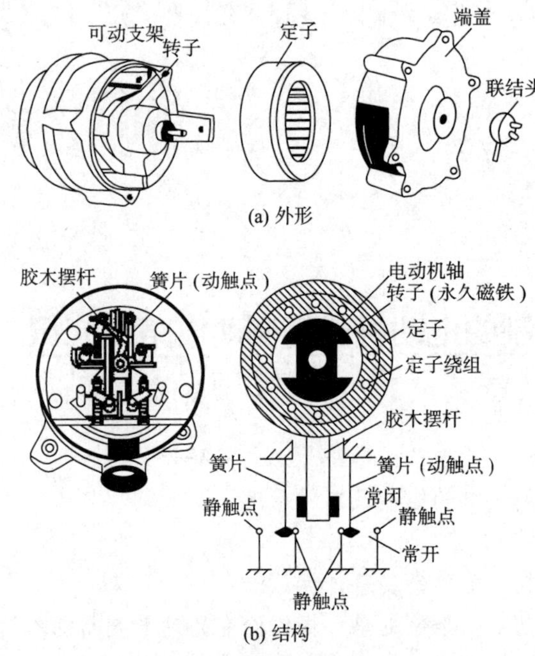

图 4-1 速度继电器的外形及结构示意图

使用时速度继电器的轴与电动机的轴相连接，当电动机转动时，速度继电器的转子随之转动，绕组切割磁场产生感应电动势和电流，此电流和永久磁铁的磁场作用产生转矩，使定子向轴的转动方向偏摆，通过定子柄拨动触点，使动断触点断开、动合触点闭合。当转子的速度下降（约 100r/min）时，定子柄在弹簧力的作用下恢复原位，触点也复原。

2. 速度继电器的常用型号及电气符号

目前常用的速度继电器有 JY1 型和 JFZ0 型两种。JY1 型能在 3000r/min 以下可靠地工作，JFZ0-1 型适用于 300～1000r/min；JFZ0-2 用于 1000～3600r/min。速度继电器一般有两对动合、动断触点，触点额定电压 380V，额定电流 2A。通常速度继电器动作速度为 130r/min，复位转速在 100r/min 以下。速度继电器的图形符号和文字符号如图 4-2 所示。

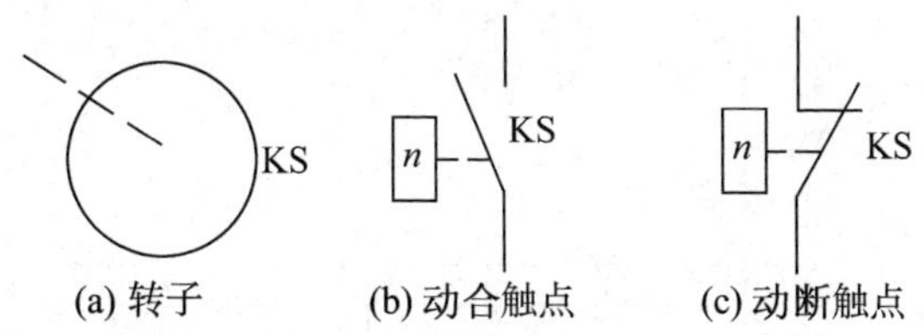

图 4-2　速度继电器的图形符号

二、电动机制动控制电路

1. 电动机反接制动控制电路

所谓反接制动，就是在切除电动机三相电源后，立即向定子绕组中通入反相序的三相交流电源，使之产生与转子转动方向相反的转矩，使电动机转速迅速下降，当制动到接近零转速时，再将反接电源切除。其控制电路有单向运行反接制动控制电路和可逆运行反接制动控制电路。

反接制动刚开始时，转子与反向旋转磁场的相对转速接近于两倍的同步转速，因此直接反接制动的特点之一是制动迅速而冲击电流大。为了限制电流和减小机械冲击，应在电动机定子电路中串接一定阻值的制动电阻。同时在反接制动时，用速度继电器来检测电动机转速的变化，在电动机转速接近零时及时切断电源。

（1）电路组成

电动机单向运行反接制动控制电路如图 4-3 所示。

（2）工作原理

如图 4-3 所示，按下启动按钮 SB_2，接触器 KM_1 得电并自锁，电动机启动并运转；随着电机速度的升高，速度继电器 KS 的动合触点闭合，为反接制动做准备。按下停止按钮 SB_1，KM_1 失电，电动机定子绕组脱离三相电源；此时，由于电动机仍以很高速度旋转，KS 动合触点仍保持闭合，使 KM_2 得电并自锁，电动机定子串接电阻接上反相序电源，进入反接制动状态，电动机速度迅速下降。由于电动机与速度继电器同轴相连，当电动机转速接近 100r/min 时，KS 动合触点复位，KM_2 失电，电动机断电，反接制动结束。

2. 电动机能耗制动控制电路

所谓能耗制动，是指在电动机脱离三相电源后，迅速给定子绕组通入直流电流，使定子绕组产生静止磁场，电动机转子导体因惯性旋转切割定子磁场产生感应电流，电流与磁场相互作用，产生制动力矩，使电动机制动减速。这种制动方法是将电动机旋转的动能转变为电能，消耗在制动电阻上，故称为能耗制动。

能耗制动的控制可以根据时间控制原则，用时间继电器进行控制，常用于转速比较稳定的生产设备；也可以按速度控制原则，用速度继电器进行控制，常用于生产需要负载经常变化的设备。为减少能耗制动设备，在要求不高、电动机容量在 10kW 以下时，可采用无变压器的单管半波整流器作为直流制动电源。

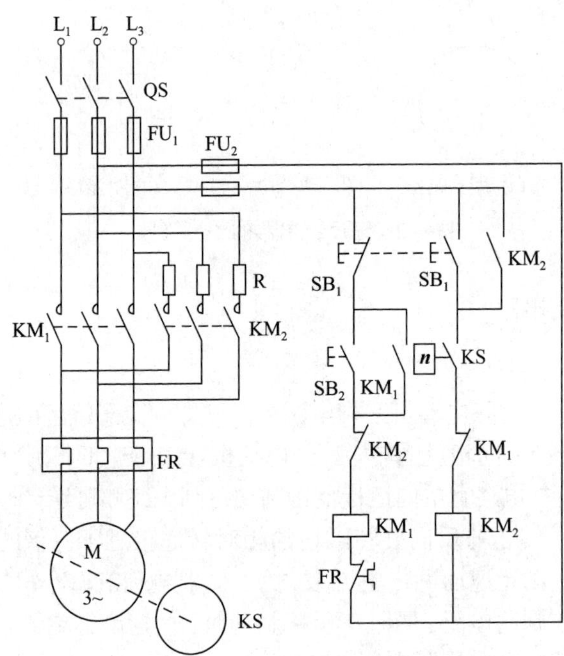

图 4-3　单向运行反接制动的控制电路

（1）电路组成

电动机无变压器的单管半波能耗制动控制电路如图 4-4 所示。

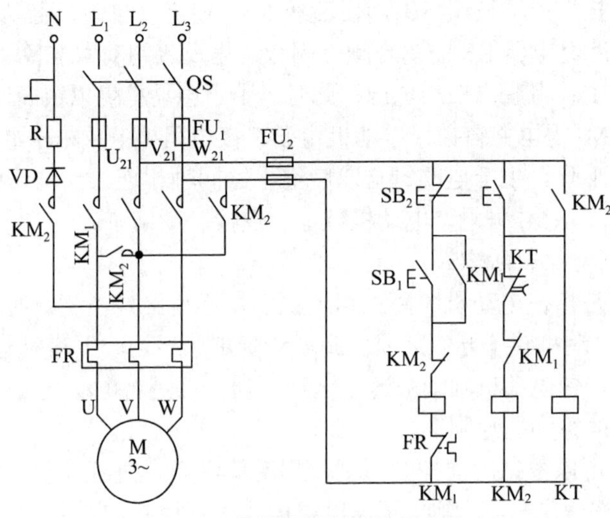

图 4-4　单管能耗制动控制电路

（2）工作原理

在图 4-4 中，KM_1为运行接触器，KM_2为能耗制动接触器，KT 为时间继电器，VD 为整流二极管。按下启动按钮 SB_1，KM_1通电并自锁，电动机正常运转。若使电动机停转，按下停止按钮 SB_2，其动断触点先断开，KM_1线圈断电，电动机定子绕组脱离三相交流电源；接着 SB_2的动合触点闭合，KM_2、KT 线圈同时通电并自锁，KM_2主触点将经过二极管 VD 整流后的直流电接入电动机定子绕组，电动机开始能耗制动，电动机的速度迅速降低。当转速接近零时，时间继电器 KT 延时时间到，其动断触点打开，使 KM_2、KT 线圈相继断电，能耗制动结束。

【任务实施】单管能耗制动控制电路的安装与调试

一、制作工具、器材选择

按图 4-4 电路选择器件，器件清单如下：三相交流电动机 1 台（2.2kW）、交流接触器 2 个（380V，10A）、热继电器 1 个（整定电流 5A）、10A 熔断器 3 个、5A 熔断器 2 个、启动按钮 1 个（绿色）、停止按钮 1 个（红色）、数字式时间继电器 1 个（380V）、隔离开关 1 个（用 16A 低压断路器代替）、整流二极管 1 个、万用表 1 块、电工工具、导线若干、电路装配网板一块。

二、电动机单管能耗制动控制电路的安装

（1）电气元件（熔断器、接触器、按钮、二极管、电动机）的选择及检测。

（2）根据图 4-4 所示的电路原理图绘制位置图，在装配网板上布置、固定电气元件，安装线槽。

（3）绘制接线图，在装配网板上按接线图的走线方法采用板前槽配线的配线方式布线。

（4）安装电动机。

（5）连接电动机金属外壳的保护接地线。

（6）连接电源、电动机等控制盘外部的导线。

（7）自检布线的正确性、合理性、可靠性及元件安装的牢固性。

三、电路调试

可使用“项目一”中介绍的用万用表测“电阻法”进行电路的调试。

1. 主电路调试

取下 FU_2熔体，断开控制电路，装好 FU_1熔体，将万用表拨在 R×1k 电阻挡位，用万用表分别测量开关 QS 下端三接线端子之间的电阻，应均为断路（$R\to\infty$）。若某次测量结果为 $R\to0$，说明所测两相之间的接线有短路现象，应仔细检查排除故障。取下接触器 KM_1的灭弧罩，用手操作使 KM_1主触点闭合，将万用表拨在 R×1 电阻挡位，重复上述测量，此时万用表

的测量值应分别为电动机各相绕组的电阻值。若某次测量结果为 R→∞或 R→0，说明所测得两相之间的接线有断路或短路现象，应仔细检查，找出断路点，并排除故障。取下接触器 KM_2 的灭弧罩，将万用表拨在 R×100 电阻挡位，用手操作使 KM_2 主触点闭合，用万用表测量 W21 与 N 之间的电阻，当黑表笔接 W21 端、红表笔接 N 端时，电路应导通，且应有一定的电阻值；当表笔反接时 R→∞，如测量不符合上述结果，应对主电路进行检查，排除故障。

2. 控制电路调试

装好 FU_2 熔体，按照“项目一”万用表测“电阻法”的方法进行检查，具体步骤在此不再叙述。

四、通电试车

检查三相电源，将热继电器按电动机的额定电流整定好，可在教师指导下通电试车。

1. 合上开关 QS，接通电路电源。

2. 按下启动按钮 SB_1，接触器 KM_1 吸和，电动机运转。

3. 按下停止按钮 SB_2，接触器 KM_1 断开，KM_2、KT 吸和，电机能耗制动，电机迅速停车（空载），延时一段时间后，KM_2、KT 断开，制动结束，如试车结果与上述分析不同，应停电后继续检查主电路和控制电路，直到故障排除为止。

【能力考评】

配分、评分标准见表 4-1。

表 4-1 配分、评分标准

项目内容	配分	评 分 标 准	扣分
安装前检查	15	1. 电动机质量检查，每漏一处扣 5 分 2. 元器件检查漏检或错检每处扣 2 分	
安装元件	15	1. 元件布置不整齐、不均匀、不合理，每只扣 3 分 2. 元件安装不牢固，每只扣 3 分 3. 安装元器件时漏装木镙钉，每只扣 1 分 4. 元件损坏每只扣 15 分	
布 线	30	1. 不按电路图接线扣 25 分 2. 布线不符合要求：主电路每根扣 4 分，控制线路每根扣 2 分 3. 接点松动、漏铜过长、压绝缘层、反圈等，每处扣 1 分 4. 损伤导线绝缘或线芯，每根扣 2 分 5. 漏套或错套编码管，每处扣 2 分 6. 漏接接地线扣 10 分	

续表

<table>
<tr><th>项目内容</th><th>配分</th><th colspan="3">评 分 标 准</th><th>扣分</th></tr>
<tr><td>通电试车</td><td>40</td><td colspan="3">1．热继电器未整定或整定错扣 5 分
2．主、控电路熔体规格配错各扣 5 分
3．第一次试车不成功扣 20 分，第二次试车不成功扣 30 分，第三次试车不成功扣 40 分</td><td></td></tr>
<tr><td>安全文明生产</td><td colspan="4">违反安全文明生产扣 5～40 分</td><td></td></tr>
<tr><td>额定时间 120 分钟</td><td colspan="4">每超过 5 分钟，扣 5 分计算</td><td></td></tr>
<tr><td>备　注</td><td colspan="3">除定额时间外，各项目最高扣分不应超过配分数</td><td>成　绩</td><td></td></tr>
<tr><td>开始时间</td><td></td><td>结束时间</td><td></td><td>实际时间</td><td></td></tr>
</table>

思考与练习

1．什么是电动机的反接制动？有什么特点？适用在什么场合？

2．什么是电动机的能耗制动？有什么特点？适用在什么场合？

3．参考电动机单向运行的反接制动控制线路，请绘制电动机可逆运行反接制动控制线路。

4．电动机能耗制动控制电路需要用到哪些常用电器元件？

5．安装电动机能耗控制电路时需注意哪些问题？

任务二　光伏发电系统电动机的能耗制动 PLC 控制电路装调

知识目标：

掌握西门子 S7-200 系列 PLC 定时器指令的使用方法。

技能目标：

1. 编译调试软件的使用；

2. 用 PLC 控制电动机的单管能耗制动电路的梯形图程序设计。

【任务描述】

电动机的能耗制动控制电路，除前述用接触器组成控制电路外，在学习了 PLC 的基本指令后，还可以用 PLC 组成电动机的能耗制动控制电路。与接触器控制系统相比，用 PLC 组成的电动机能耗制动控制电路，具有控制电路结构简单、动作稳定可靠的优点。

【任务分析】

一、输入/输出信号分析

通过电动机单管能耗制动控制系统的控制要求可知，系统输入点数 2 个，输出点数 2 个，可选用 S7-200 型 PLC 进行控制。

二、系统硬件设计

电动机能耗制动 PLC 控制系统的硬件设计包括系统 I/O 元件分配表和输入/输出接线图。

1. 系统的 I/O 地址分配

输入/输出信号与 PLC 地址编号对照表见表 4-2 所示。

表 4-2　电动机星－三角降压启动 PLC 控制电路的 I/O 地址分配表

输入端子			输出端子		
名称	代号	端子代号	名称	代号	端子编号
启动按钮	SB_1	I0.0	运行接触器	KM_1	Q0.0
停止按钮	SB_2	I0.1	制动接触器	KM_2	Q0.1

2. 输入/输出接线图

依照 PLC 的 I/O 地址分配表，结合电动机能耗制动 PLC 控制系统的原理图，PLC 控制的电气接线图如图 4-5 所示。

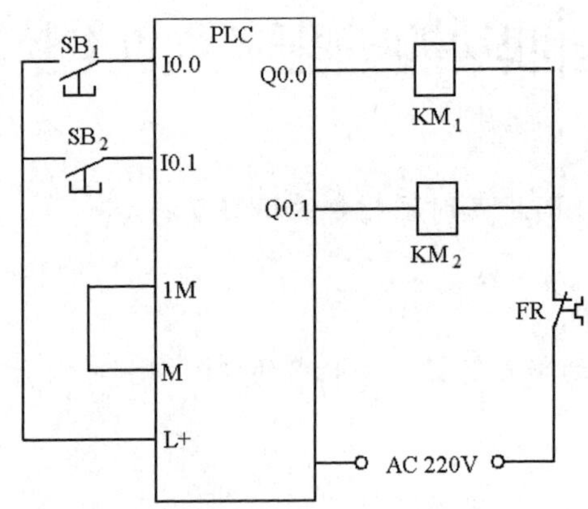

图 4-5　能耗制动 PLC 控制接线图

三、系统软件设计

电动机能耗制动系统的梯形图程序，如图 4-6 所示。

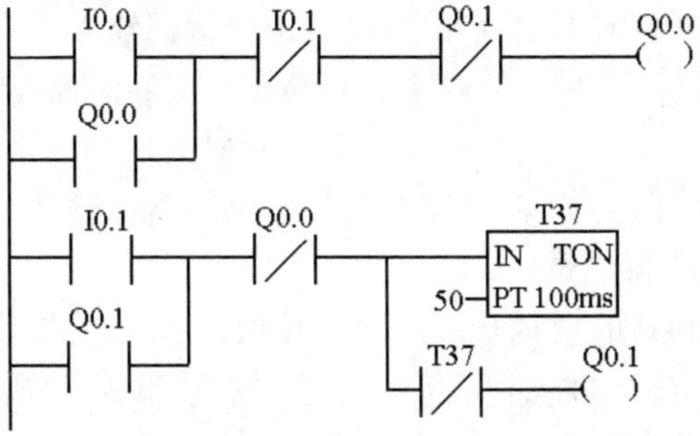

图 4-6 电动机能耗制动控制梯形图程序

按下启动按钮 SB_1，动合触点 I0.0 闭合，Q0.0 得电并自锁，接触器 KM_1 吸和，接通电动机的电源，电动机正常运转；按下停止按钮 SB_2，I0.1 动断触点断开，Q0.0 失电，接触器 KM_1 释放，同时 I0.1 动合触点闭合，Q0.1 得电并自锁，定时器 T37 也得电，电动机开始能耗制动。T37 定时 5s 后，T37 动断触点断开，Q0.1 失电， 接触器 KM_2 释放，能耗制动过程结束。

【任务实施】

一、器材准备

任务实施所需器材见表 4-3。

表 4-3 任务实施器件准备

器材名称	数量
PLC 基本单元 CPU224	1 个
计算机	1 台
电动机能耗制动控制模拟装置	1 台
控制开关	2 个
导线	若干
交、直流电源	1 套
电工工具及仪表	1 套

二、实施步骤

1. 程序输入

连接 PLC 主机和计算机，接通 PLC 电源，打开 S7-200 编程软件，建立电动机能耗制动 PLC 控制项目，输入图 4-6 所示的梯形图程序。

2. 系统安装接线

根据图 4-5 所示的 PLC 输入/输出接线图接线。系统输出接触器 KM_1、KM_2 分别用实训装置上的 2 个指示灯模拟（电源使用 12V）；启动、停止按钮输入用实训装置上的开关模拟。安装接线时注意各触点要牢固，同时，要注意文明操作，接线时需在断电的情况下进行。

3. 系统调试

确定硬件接线正确后，合上 PLC 电源开关和输出回路电源开关，将图 4-6 所示的梯形图输入到 PLC 中，进行系统模拟调试。

闭合电动机启动按钮 I0.0 的模拟开关，观察接触器 KM_1 的指示灯是否点亮。闭合模拟停止按钮 I0.1 的开关，模拟 KM_2 的指示灯是否点亮，延时 5s 后，观查模拟 KM_2 的指示灯是否熄灭。

如果结果不符合要求，检查输入及输出回路是否有接线错误，检查程序是否有误。排除故障后重新送电，再次观察运行结果，直到符合要求为止。

【能力考评】

任务考核点及评价标准见表 4-4。

表 4-4　任务考核点及评价标准

序号	考评内容	考核方式	考核要求	评分标准	配分	扣分	得分
1	硬件接线	教师评价+互评	正确进行 I/O 分配，能正确进行 PLC 外围接线	1. I/O 分配错误，每处扣 2 分 2. PLC 端口使用错误，每处扣 4 分	30		
2	软件编程	教师评价+互评	能根据控制系统的要求和硬件接线，编写出控制梯形图程序和语句表程序	1. 梯形图程序错误，每处扣 1 分 2. 语句表程序错误，每处扣 1 分	40		
3	系统调试	教师评价+互评	能熟练地将程序下载到 PLC 中，并能快速、正确地调试好程序	1. 不能将程序下载到 PLC 中，扣 5 分 2. 程序调试不正确，扣 5 分	30		

思考与练习

1. 试用计数指令实现电动机单管能耗制动的控制。

2. 在图 4-5 中，若停止按钮 SB_2 使用动断触点，试编写出电动机单管能耗制动控制的梯形图。

5

多种液体的混合装置PLC控制电路的装调

知识目标：

1. 理解顺序功能图概念、基本结构；
2. 掌握顺序控制继电器指令。

技能目标：

应用顺序功能图和顺序控制继电器指令进行顺序控制系统的硬件和控制程序设计。

【任务描述】

1. 多种液体混合装置工作描述

在炼油、化工、制药等行业中，多种液体混合是必不可少的工序。由于这些行业中多为易燃易爆或有毒有腐蚀性的介质，不适合人工现场操作，而采用 PLC 对原料的混合操作装置进行控制，具有混合质量好、自动化程度高以及对环境要求不高等特点，所以其应用较广泛。图 5-1 所示为某生产原料混合装置示意图，用于将三种液体原料 A、B、C 按照一定比例进行充分混合。

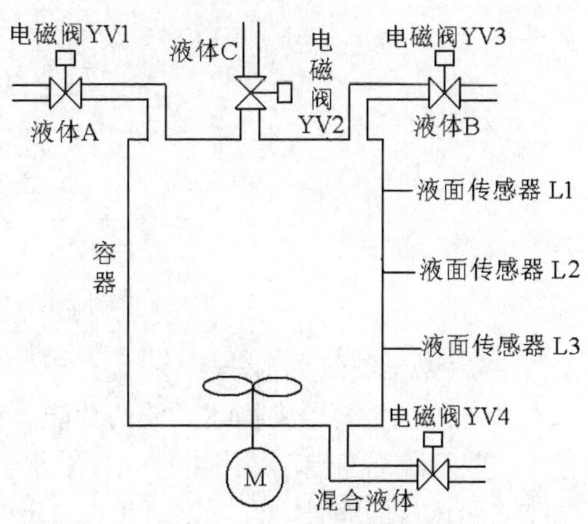

图 5-1　混合装置控制示意图

2. 控制要求

图 5-1 中 L1、L2、L3 为 3 个液位传感器，当液面达到相应传感器位置时，该传感器送出

ON 信号，低于传感器位置时送出 OFF 信号。

开始时容器是空的，电磁阀 YV1、YV2、YV3、YV4 和搅拌机 M 为关断，液面传感器 L1、L2、L3 均为 OFF。按下启动按钮，电磁阀 YV1、YV2 打开，注入液体 A 与 B，液面高度为 L2 时（此时 L2 和 L3 均为 ON），停止注入（YV1、YV2 为 OFF）。同时开启液体 C 的电磁阀 YV3（YV3 为 ON），注入液体 C，当液面升至 L1 时（L1 为 ON），停止注入（YV3 为 OFF）。开启搅拌机 M 搅拌，搅拌时间为 5s，5s 后电磁阀 YV4 开启，排出液体。当液面下降到 L3（L3 为 OFF）之后再延时 8s 容器放空，YV4 关闭，接着电磁阀 YV1、YV2 打开，又开始下一个周期工作。按下停止按钮，当前工作周期的操作结束后，才停止操作，返回并停留在初始状态。

【相关知识】

一、顺序功能图简介

1. 顺序功能图

所谓顺序控制是指在各个输入信号的作用下，按照生产工艺预先规定的顺序，各个执行机构自动地有秩序地进行操作。

顺序功能图（SFC）又称功能流程图或功能图，它是按照顺序控制的思想，根据控制过程的输出量的状态变化，将一个工作周期划分为若干顺序相连的步，在任何一个步内，各输出量 ON/OFF 状态不变，但是相邻两步输出量的状态是不同的。所以，可以将程序的执行分成各个程序步，通常采用顺序控制继电器 S0.0～S31.7（共 256 位）代表程序的状态步。以图 5-2 中的波形给出的甲乙电动机的控制要求为例，其工作过程是：按下启动按钮 I0.0 后，甲电动机开始工作，5s 后乙电动机开始工作，按下停止按钮 I0.1 后，乙电动机停止工作，5s 后甲电动机再停止工作，其顺序功能图如图 5-3 所示。

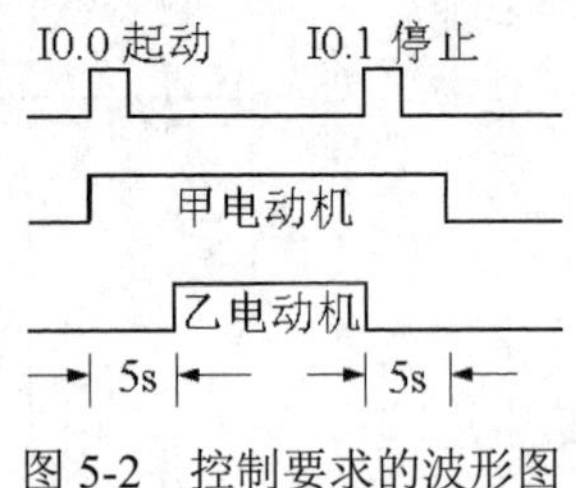

图 5-2　控制要求的波形图

2. 顺序功能图组成元件

顺序功能图主要用来描述系统的功能。将控制系统的一个周期划分为若干个顺序相连的阶段，这些阶段称为步，并用编程元件来代表各步，在图 5-3 中用矩形方框表示。方框中可以用数字表示该步的编号，也可以用代表该步的编程元件的地址作为步的编号。在任何一步内，各输出量 ON/OFF 状态不变，但是相邻两步输出量的状态是不同的。与系统初始状态相对应的步称为初始步，初始状态一般是系统等待启动命令的相对静止的状态，一个控制系统至少要有一个初始步。初始步的图形符号为双线的矩形框，如图 5-3 所示。当控制系统正处于某一步所在的阶段时，该步处于活动状态，称该步为“活动步”，其前一步称为“前级步”，后一步称为“后续步”，其他各步称为“不活动步”。步处于活动状态时，相应的动作被执行；处于不活动状态时，相应的非存储器型的动作被停止执行。系统处于某一步可以有几个动作，也可没有动作，这些动作之间无顺序关系。如果某一步需要完成一定的“动作”，用矩形框将“动作”与步相连，动作表示方法如图 5-3 所示。

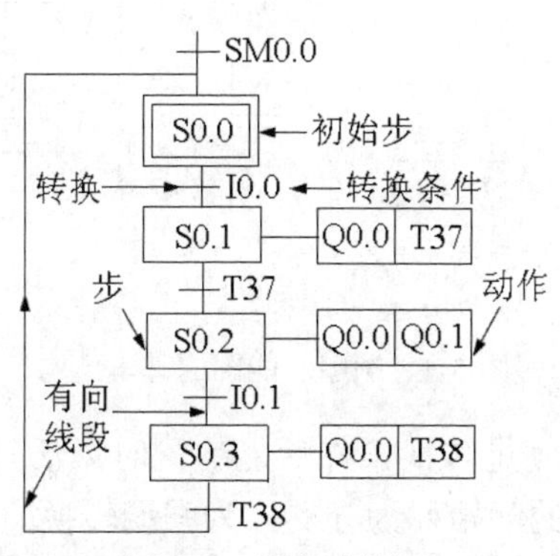

图 5-3　顺序功能图

顺序功能图中，代表各步的方框按照它们成为活动步的先后次序顺序排列，并用有向线段将它们连接起来，步与步之间的活动状态的进展按照有向线段规定的线路和方向进行。有向线段从上到下或从左到右的方向上的箭头可以省略，其他方向必须注明。

与步和步之间有向线段垂直的短横线代表转换，其作用是将相邻的两步分开。旁边与转换对应的称为转换条件。转换条件是系统由当前步进入下一步的信号，分为三种类型：一是外部的输入条件，如按钮、指令开关、行程开关的接通或断开等；二是 PLC 内部产生的信号，如定时器、计数器等触点的接通；三是若干个信号“与”“或”“非”的逻辑组合。顺序功能图中，只有当某一步的前级步是活动步时，该步才有可能变为活动步。如果使用没有断电保护功能的编程元件代表各步，进入 RUN 工作方式时，它们均处于 OFF 状态，必须用初始化脉冲 SM0.1 作为转换条件，将各步预置为活动步，否则因为顺序功能图中没有活动步，系统将无法工作。

3．顺序功能图的基本结构

顺序功能图的基本结构有单序列、选择序列和并行序列三种，如图 5-4 所示。

单序列由一系列相继激活的步组成，每一步后仅有一个转换，每个转换后也只有一个步，如图 5-4（a）所示。

当系统的某一步活动后，满足不同的转换条件能够激活不同的步，这种序列称为选择系列，如图 5-4（b）所示。选择序列的开始称为分支，其转换符号只能标在水平线下方。选择序列中如果步 4 是活动步，满足转换条件 c 时，步 5 变为活动步；满足转换条件 f 时，步 7 变为活动步。选择序列的结束称为合并，其转换符号只能标在水平线上方。如果步 6 是活动步且满足转换条件 e，则步 9 变为活动步；如果步 8 是活动步且满足转换条件 h，则步 9 也变为活动步。

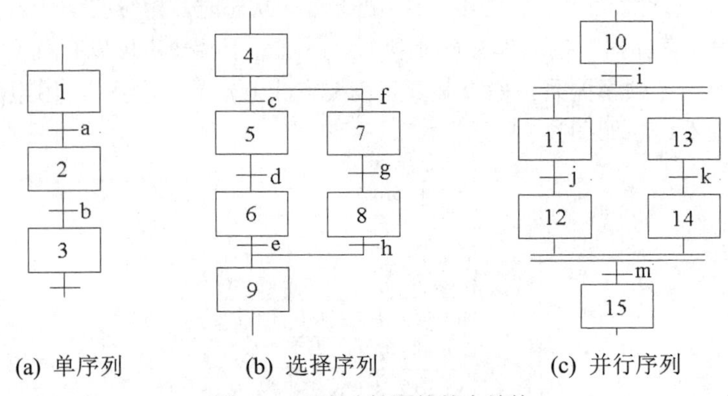

图 5-4　顺序功能图的基本结构

当系统的某一步活动后，满足转换条件后能够同时激活几步，这种序列称为并行序列，如图 5-4（c）所示。并行序列的开始称为分支，为强调转换的同步实现，水平线用双线表示，水平线上只允许有一个转换符号。并行序列中当步 10 是活动步，且满足转换条件 i 时，转换的实现将导致步 11 和 13 同时变为活动步。并行序列的结束称为合并，在表示同步的水平线之下只允许有一个转换符号。当步 12 和 14 同时都为活动步且满足转换条件 m 时，步 15 才能变为活动步。

4. 功能图构成的原则

（1）步与步之间不能直接相连，必须用一个转换将它们分隔开。

（2）两个转换也不能直接相连，必须用一个步将它们分隔开。

（3）初始步必不可少，一方面因为该步与其相邻步相比，从总体上说输出变量的状态各不相同；另一方面，如果没有该步，无法表示初始状态，系统也无法返回等待其动作的停止状态。

（4）顺序功能图是由步和有向线段组成的闭环，即在完成一次工艺过程的全部操作之后，应从最后一步返回下一周期开始运行的第一步。

二、顺序控制继电器指令

在 S7-200 系列 PLC 中，当编制出控制系统的顺序功能图后，还需要以软件支持的编程方式进行编程。使用 S 代表各步的顺序功能图设计梯形图程序时，需要用 SCR 指令，其指令的格式及功能如表 5-1 所示。

使用 SCR 指令编程时，在 SCR 段中使用 SM0.0 的动合触点驱动该步中的输出线圈，使用转换条件对应的触点或电路驱动转换到后续步的 SCRT 指令。虽然 SM0.0 一直为 1，但是只有当某一步活动时相应的 SCR 段内的指令才能执行。使用 SCR 指令编写的梯形图程序，如图 5-5 所示。

表 5-1　顺序控制继电器指令的格式及功能

梯形图 LAD	语句表 STL		指令功能
	操作码	操作数	
n SCR	LSCR	n	当顺序功能寄存器位 n 为 1 时， SCR(LSCR)指令被激活，标志着该顺序控制程序段的开始
n ——(SCRT)	SCRT	n	当满足条件使 SCRT 指令执行时，则复位本顺序控制程序段，激活下一个顺序控制程序段 n
├——(SCRE)	SCRE	—	执行 SCRE 指令，结束由 SCR(LSCR)开始到 SCRE 之间顺序控制程序段的工作

说明：

1）顺序控制继电器位 n 必须寻址顺序控制继电器 S 的位，不能把同一编号的顺序控制继电器位用在不同的程序中。例如，如果在主程序中使用 S0.1，则不能在子程序中再使用。

2）在 SCR 段之间不能使用 JMP 和 LBL 指令，即不允许跳入或跳出 SCR 段。可以使用跳转和标号指令在 SCR 段内跳转。

3）不能在 SCR 段中使用 FOR、NEXT、END 指令。

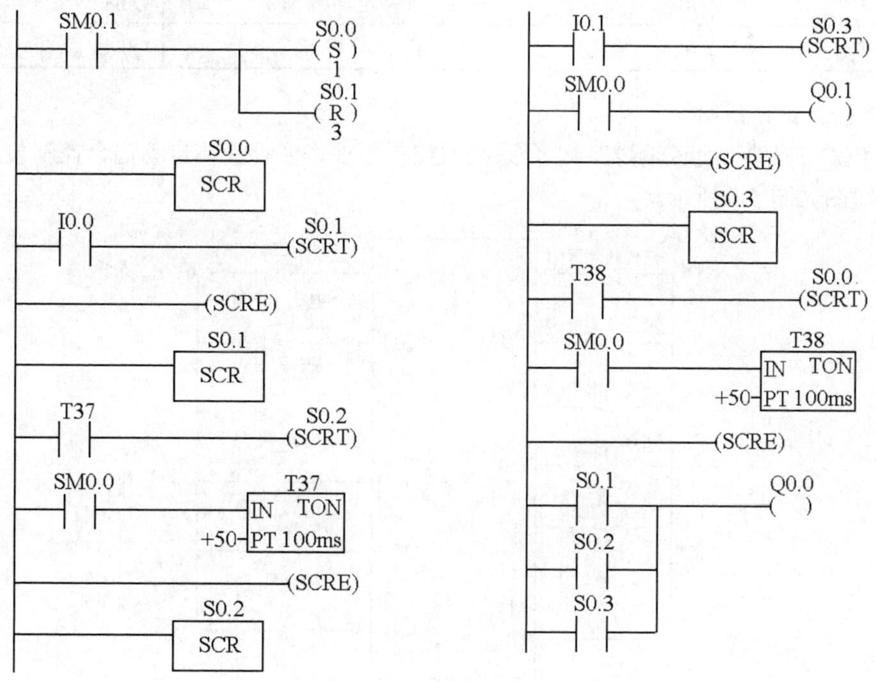

图 5-5　使用 SCR 指令编写的梯形图程序

【任务分析】

一、输入/输出信号分析

通过上述工作过程分析可知，系统输入点数 5 个，输出点数 5 个，可选用 S7-200 型 PLC 进行控制。

二、系统硬件设计

多种液体混合 PLC 控制系统的硬件设计包括系统 I/O 元件分配表和输入/输出接线图。

1. 系统的 I/O 地址分配

输入/输出信号与 PLC 地址编号对照表见表 5-2 所示。

表 5-2　液体自动混合控制的 I/O 地址分配表

输入		输出	
液位传感器 L1	I0.0	A 液体电磁阀 YV1	Q0.0
液位传感器 L2	I0.1	B 液体电磁阀 YV2	Q0.1
液位传感器 L3	I0.2	C 液体电磁阀 YV3	Q0.2
启动按钮 SB_1	I0.3	搅拌电动机 M	Q0.3
停止按钮 SB_2	I0.4	排泄阀 YV4	Q0.4

2. 输入/输出接线图

依照 PLC 的 I/O 地址分配表，结合系统的控制要求，多种液体自动混合控制装置 PLC 控制电气接线图如图 5-6 所示。

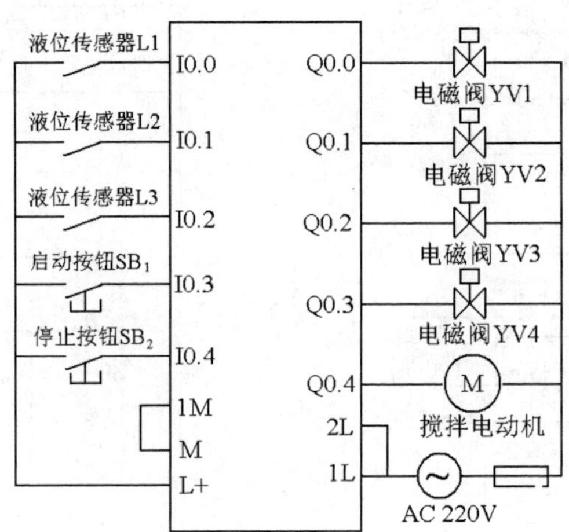

图 5-6　多种液体混合装置 PLC 控制系统接线图

三、系统软件设计

1. 顺序功能图

根据控制要求，系统的顺序功能图如图 5-7 所示。

对于按下停止按钮，当前工作周期的操作结束后才停止操作的控制要求，在顺序控制功能图中用 M1.0 实现。

在步 S0.5 之后是选择序列分支。当系统处于步 S0.5 时，按下停止按钮，系统满足 $\overline{M1.0}\cdot T38$ 的转换条件，系统将回到初始状态步 S0.0 处；如果没有按下停止按钮，系统将回到步 S0.1 处，开始下一个工作周期。系统处于任何一个阶段按下停止按钮时，都将进行到步 S0.5 处，满足条件，当前工作周期才能结束。

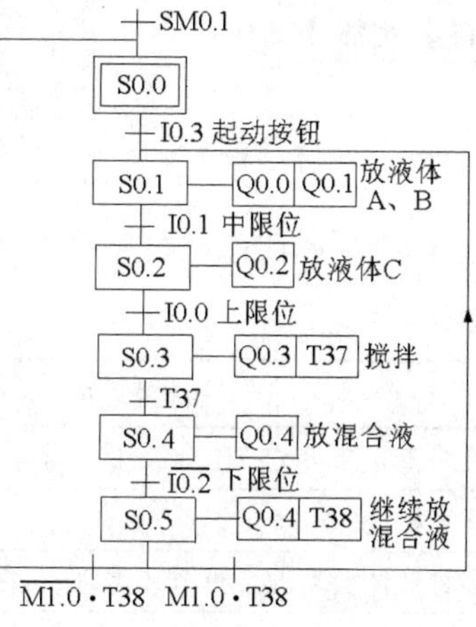

图 5-7　系统控制的顺序功能图

2. 梯形图

使用 SCR 指令编写的多种液体混合系统的梯形图程序，如图 5-8 所示。

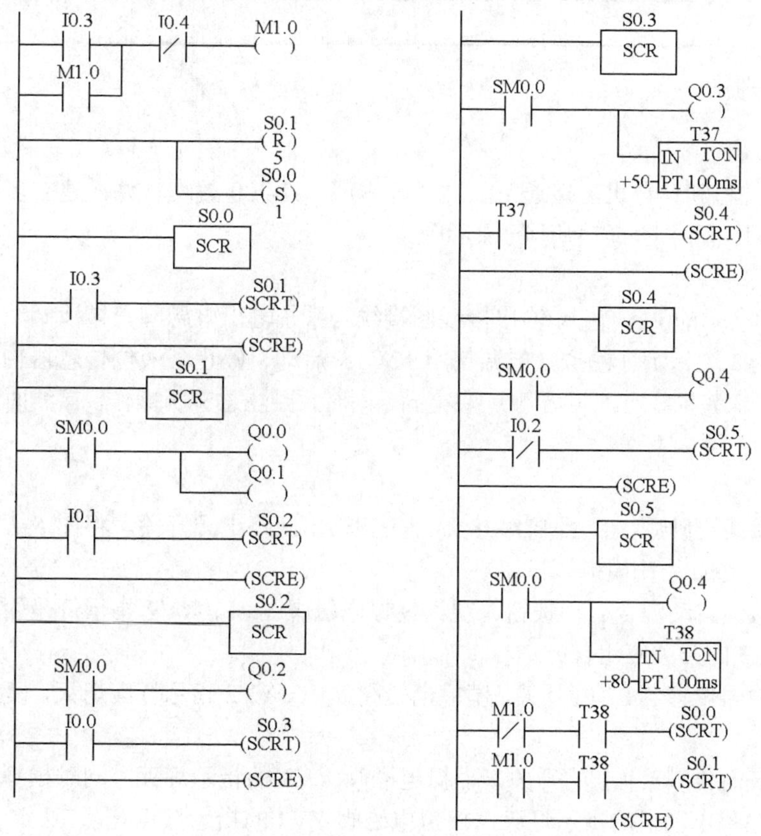

图 5-8　多种液体混合系统的的梯形图

【任务实施】

一、器材准备

任务实施所需器材见表 5-3。

表 5-3　任务实施器件准备

器材名称	数量
PLC 基本单元 CPU224	1 个
计算机	1 台
多种液体自动混合模拟装置	1 个
控制开关	5 个
导线	若干
交、直流电源	1 套
电工工具及万用表	1 套

二、实施步骤

1．程序输入

连接 PLC 主机和计算机，接通 PLC 电源，打开 S7-200 编程软件，建立多种液体自动混合 PLC 控制项目，输入图 5-7 所示的梯形图。

2．系统安装接线

根据图 5-5 所示的 PLC 输入/输出接线图接线。系统输出电磁阀、排泄阀、搅拌电机分别用实训装置上的 3 个指示灯模拟（电源使用 12V）；启动、停止、液位传感器输入用实训装置上的开关模拟。安装接线时注意各触点要牢固，同时，要注意文明操作，接线时需在断电的情况下进行。

3．系统调试

确定硬件接线正确后，合上 PLC 电源开关和输出回路电源开关，将图 5-7 所示的梯形图输入到 PLC 中，进行系统模拟调试。

按下多种液体自动混合启动按钮，观察模拟电磁阀 YV1、YV2 指示灯是否点亮（期间模拟液位传感器 L3 的开关应闭合）。

闭合模拟液面传感器 L2 的开关，模拟电磁阀 YV1、YV2 指示灯应熄灭，模拟电磁阀 YV3 的指示灯应点亮。

闭合模拟液面传感器 L1 的开关，模拟电磁阀 YV3 的指示灯灭，同时模拟电动机的指示灯亮，5s 后，模拟电动机的指示灯灭，模拟电磁阀 YV4 的指示灯点亮。

断开模拟液位传感器 L3 的开关，延时 8s 后，模拟电磁阀 YV4 的指示灯熄灭，一个工作循环结束。

如果结果不符合要求，观察输入及输出回路是否接线错误，检查程序是否有误。排除故障后重新送电，启动多种液体自动混合装置，再次观察运行结果，直到符合要求为止。

【能力考评】

任务考核点及评价标准见表 5-4。

表 5-4　任务考核点及评价标准

序号	考评内容	考核方式	考核要求	评分标准	配分	扣分	得分
1	硬件接线	教师评价+互评	正确进行 I/O 分配，能正确进行 PLC 外围接线	1. I/O 分配错误，每处扣 2 分 2. PLC 端口使用错误，每处扣 4 分	30		
2	软件编程	教师评价+互评	能根据控制系统的要求和硬件接线，编写出控制梯形图程序和语句表程序	1．梯形图程序错误，每处扣 1 分 2．语句表程序错误，每处扣 1 分	40		
3	系统调试	教师评价+互评	能熟练地将程序下载到 PLC 中，并能快速、正确地调试好程序	1．不能将程序下载到 PLC 中，扣 5 分 2．程序调试不正确，扣 5 分	30		

思考与练习

1．什么是功能图？功能图主要由哪些元素组成？
2．功能图的主要类型有哪些？
3．画出图 5-9 所示波形图对应的顺序功能图。
4．设计如图 5-10 所示的顺序功能图的梯形图程序。

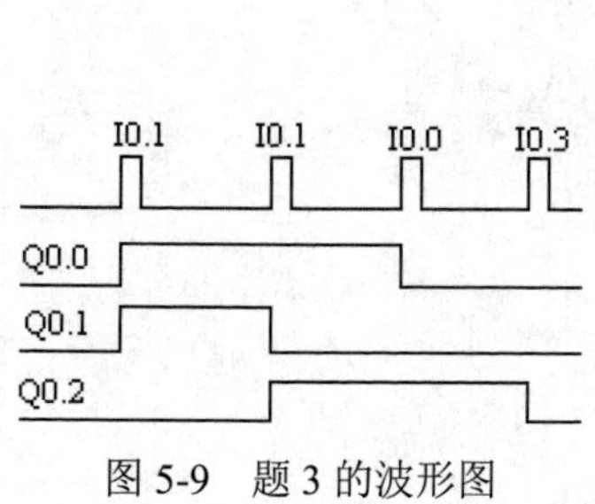

图 5-9　题 3 的波形图

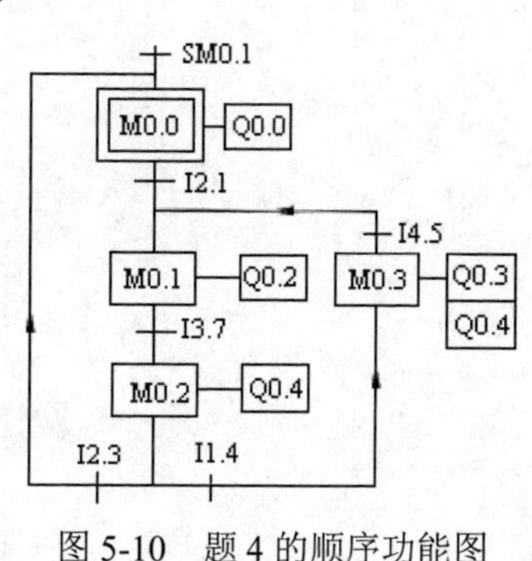

图 5-10　题 4 的顺序功能图

5．如图 5-11 所示，图中的两条运输带顺序相连，按下启动按钮，2 号运输带开始运行，10s 后 1 号运输带自动启动。停机的顺序与启动的顺序刚好相反，间隔时间为 8s，画出顺序功能图，设计出梯形图程序

6．冲床运动示意如图 5-12 所示：初始状态时机械手在最左边，I0.4 为 ON；冲头在最上面，I0.3 为 ON；机械手松开，Q0.0 为 OFF。按下启动按钮 I0.0，Q0.0 变为 ON，工件被夹紧并保持，2s 后 Q0.1 变为 ON，机械手右行，直到碰到右限位开关 I0.1。以后顺序完成以下动作：冲头下行，冲头上行，机械手左行，机械手松开（Q0.0 被复位），延时 2s 后，系统返回初始状态。各限位开关和定时器提供的信号是相应步之间的转换条件。画出控制系统的顺序功能图。

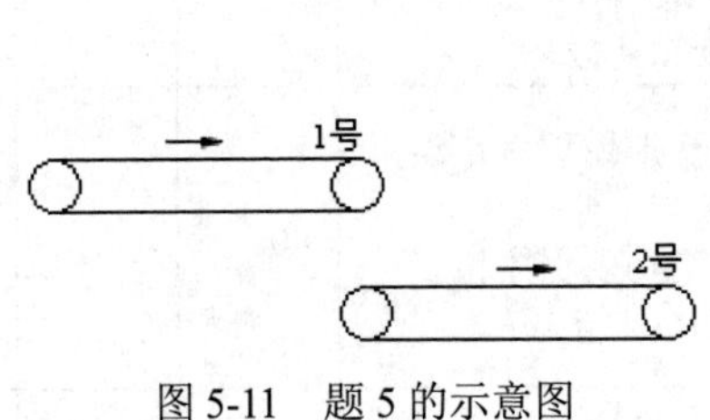

图 5-11　题 5 的示意图

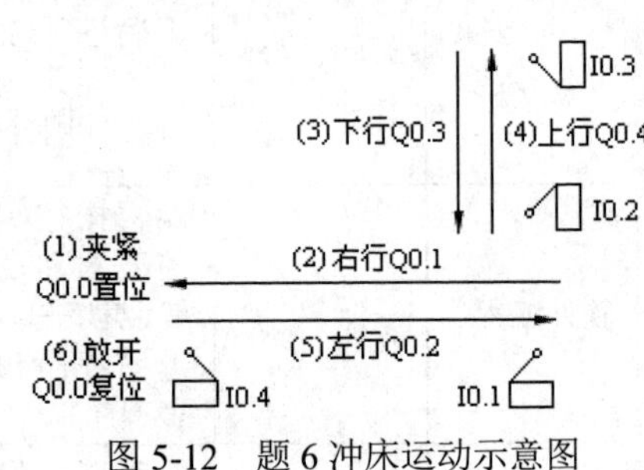

图 5-12　题 6 冲床运动示意图

6

指示灯循环点亮 PLC 控制系统的装调

知识目标：

1. 掌握数据传送、数据比较指令的格式、功能及应用；
2. 掌握数据移位、数据运算指令的格式、功能及应用。

技能目标：

能根据控制系统的要求，应用数据处理指令进行指示灯循环点亮 PLC 控制系统梯形图程序设计。

【任务描述】

1. 指示灯循环点亮系统工作描述

在现代生活中，指示灯作为一种装饰，既可增强人们的感观，起到广告宣传的作用，又可增加节日气氛，为人们的生活增添亮丽，这些灯的亮灭、闪烁时间及流动方向等均可通过 PLC 进行控制。本任务就是应用 PLC 实现对指示灯闪烁、循环点亮控制。指示灯显示装置示意图如图 6-1 所示。

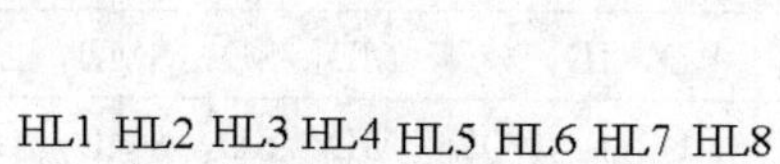

HL1 HL2 HL3 HL4 HL5 HL6 HL7 HL8

⊗⊗⊗⊗⊗⊗⊗⊗

图 6-1　指示灯循环点亮工作示意图

2. 控制要求

用一个按钮控制指示灯循环，方法是第一次按下按钮为启动循环，第二次按下按钮为停止循环，以此为奇数次启动偶数次停止。用另一个按钮控制循环方向，第一次按下左循环，第二次按下右循环，依次交替。假设指示灯初始状态为00000101，循环移动周期为1s。

【相关知识】

一、数据传送指令

数据传送指令实现将输入数据IN（常数或某存储器中的数据）传送到输出OUT（存储器）中的功能，传送过程中不改变数据的原值。

1. 数据传送指令

数据传送指令格式及功能如表6-1所示。

表6-1　数据传送指令格式及功能

梯形图程序	语句表	指令功能
MOV_B (EN ENO, IN OUT)　MOV_W (EN ENO, IN OUT) MOV_DW (EN ENO, IN OUT)　MOV_R (EN ENO, IN OUT)	MOVB　IN, OUT MOVW　IN, OUT MOVD　IN, OUT MOVR　IN, OUT	数据传送指令：实现字节、字、双字、实数的数据传送 当使能端EN为1时，把输入端的数据IN传送到输出端OUT

说明：

（1）操作码中的B（字节）、W（字）、D（双字）和R（实数）代表被传送数据的类型。

（2）操作码的寻址范围与指令码一致，比如字节数据传送只能寻址字节型存储器，OUT不能寻址常数，块传送指令IN、OUT皆不能寻址常数，各种类型的操作码所对应的操作数如表6-2所示。

表6-2　数据类型及操作数

传送	操作数	类型	寻址范围
字节	IN	BYTE	VB，IB，QB，MB，SB，SMB，LB，AC,常量
	OUT	BYTE	VB，IB，QB，MB，SB，SMB，LB，AC
字	IN	WORD	VW，IW，QW，MW，SW，SMW，LW，T，C，AIW，AC，常量
	OUT	WORD	VW，T，C，IW，QW，SW，MW，SMW，LW，AC，AQW
双字	IN	DWORD	VD，ID，QD，MD，SD，SMD，LD，HC，AC，常量
	OUT	DWORD	VD，ID，QD，MD，SD，SMD，LD，AC
实数	IN	REAL	VD，ID，QD，MD，SD，SMD，LD，AC，常量
	OUT	REAL	VD，ID，QD，MD，SD，SMD，LD，AC

2. 块传送指令

块传送类指令格式及功能如表6-3所示。

表 6-3　块传送类指令格式及功能

梯形图程序	语句表	指令功能
BLKMOV_B: EN ENO IN OUT N BLKMOV_W: EN ENO IN OUT N BLKMOV_D: EN ENO IN OUT N	BMB　IN, OUT,N BMW　IN, OUT,N BMD　IN, OUT,N	数据传送指令：实现字节、字、双字的块传送 当使能端 EN 为 1 时，把从 IN 存储单元开始的连续 N 个数据传送到从 OUT 开始的连续 N 个存储单元中。N 为字节变量，N=1～255

例 1　用数据传送指令实现 8 个指示灯同时点亮和熄灭。

I/O 分配：I0.0 为启动信号，I0.1 为停止信号，8 个指示灯分别由 Q0.0～Q0.7 驱动，对应的梯形图程序如图 6-2 所示。

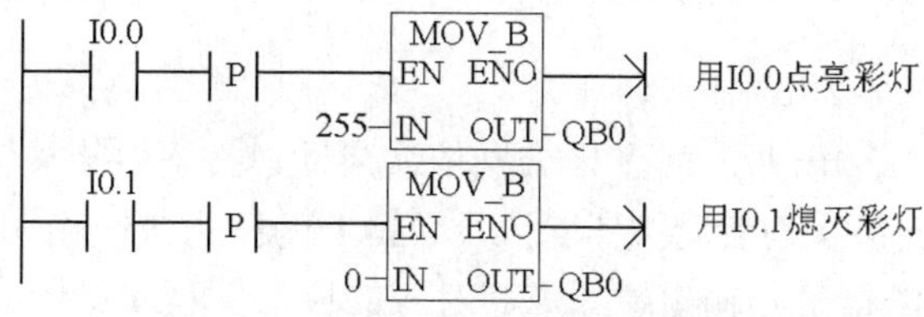

图 6-2　指示灯控制梯形图程序

二、数据比较指令

比较指令是将两个操作数按指定的条件进行比较，操作数可以是整数，也可以是实数，在梯形图中用带参数和运算符的触点表示比较指令。比较触点可以装入，也可以串并联。比较指令为上下限控制提供了极大的方便。

比较指令格式及功能如表 6-4 所示。

表 6-4　比较指令格式及功能

梯形图程序	语句表	指令功能
IN1 ==B IN2	LDB=IN1，IN2（与母线相连） AB=IN1,IN2（与运算） OB=IN1,IN2（或运算）	字节比较指令：用于比较两个无符号字节数的大小
IN1 ==I IN2	LDW=IN1，IN2（与母线相连） AW=IN1,IN2（与运算） OW=IN1,IN2（或运算）	字整数比较指令：用于比较两个有符号整数的大小
IN1 ==D IN2	LDD=IN1，IN2（与母线相连） AD=IN1,IN2（与运算） OD=IN1,IN2（或运算）	双字整数比较指令：用于比较两个有符号双字整数的大小

续表

梯形图程序	语句表	指令功能
IN1 ==R IN2	LDR=IN1，IN2（与母线相连） AR=IN1,IN2（与运算） OR=IN1,IN2（或运算）	实数比较指令：用于比较两个有符号实数的大小
IN1 ==S IN2	LDS=IN1，IN2（与母线相连） AS=IN1,IN2（与运算） OS=IN1,IN2（或运算）	字符串比较指令：用于比较两个字符串的 ASCII 码字符是否相等

说明：

（1）表 6-3 中给出了相等比较的指令格式，数据比较运算符还有< =、>=、<、>、<>，字符串比较运算符还有<>。

（2）字整数比较指令，梯形图是 I，语句表是 W。

（3）整数比较 IN1、IN2 操作数的寻址范围为 I、Q、M、SM、V、S、L、AC、VD、LD 和常数。

例 2　多台电机分时启动控制

启动按钮按下后，3 台电动机每隔 3s 分别依次启动，按下停止按钮，3 台电机同时停止。

设 PLC 的输入端子 I0.0 为启动按钮输入端，I0.1 为停止按钮输入端，Q0.0、Q0.1、Q0.2 分别为驱动电动机的电源接触器输出端子。其对应的梯形图程序如图 6-3 所示。

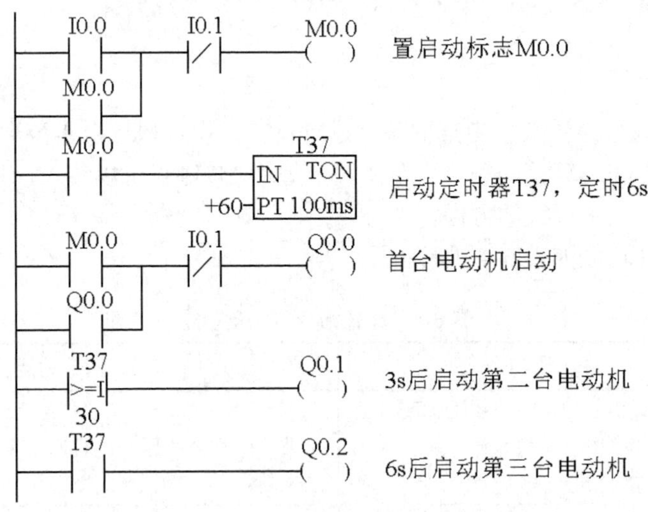

图 6-3　3 台电机分时启动梯形图程序

三、数据移位指令

移位指令的作用是将存储器中的数据按要求进行移位。在控制系统中可用于数据的处理、跟踪、步进控制等。

1．数据左右移位指令

移位指令的格式如表 6-5 所示。

表 6-5　移位指令的格式

指令名称	梯形图符号	助记符	指令功能
字节左移 SHL_B	SHL_B: EN, IN, N / ENO, OUT	SLB　OUT, N	当允许输入 EN 有效时，将字节型输入数据 IN 左移 N 位(N≤8)后，送到 OUT 指定的字节存储单元
字节右移 SHR_B	SHR_B: EN, IN, N / ENO, OUT	SRB　OUT, N	当允许输入 EN 有效时，将字节型输入数据 IN 右移 N 位(N≤8)后，送到 OUT 指定的字节存储单元
字左移 SHL_W	SHL_W: EN, IN, N / ENO, OUT	SLW　OUT, N	当允许输入 EN 有效时，将字型输入数据 IN 左移 N 位(N≤16)后，送到 OUT 指定的字存储单元
字右移 SHR_W	SHR_W: EN, IN, N / ENO, OUT	SRW　OUT, N	当允许输入 EN 有效时，将字型输入数据 IN 右移 N 位(N≤16)后，送到 OUT 指定的字存储单元
双字左移 SHL_DW	SHL_DW: EN, IN, N / ENO, OUT	SLD　OUT, N	当允许输入 EN 有效时，将双字型输入数据 IN 左移 N 位(N≤32)后，送到 OUT 指定的双字存储单元
双字右移 SHR_DW	SHR_DW: EN, IN, N / ENO, OUT	SRD　OUT, N	当允许输入 EN 有效时，将双字型输入数据 IN 右移 N 位(N≤32)后，送到 OUT 指定的双字存储单元

说明：

（1）被移位的数据是无符号的。

（2）在移位时，存放被移位数据的编程元件的移出端与特殊继电器 SM1.1 连接，移出位进入 SM1.1（溢出），另一端自动补 0。

（3）移位次数 N 与移位数据的长度有关，如果 N 小于实际的数据长度，则执行 N 次位移，如果 N 大于数据长度，则执行位移的次数等于实际数据长度的位数。

（4）移位次数 N 为字节型数据。

影响允许输出 ENO 正常工作的出错条件是：SM4.3（运行时间），0006（间接寻址）。

图 6-4 所示的梯形图为左、右位指令的应用举例。

假设 VB0 中的内容为 00001111，则执行 SLB 指令后，VB0 中的内容变为 00111100；假设 VW0 中的内容为 0000111100001111，则执行 SRW 指令后，VW0 中的内容变为 0000000111100001。

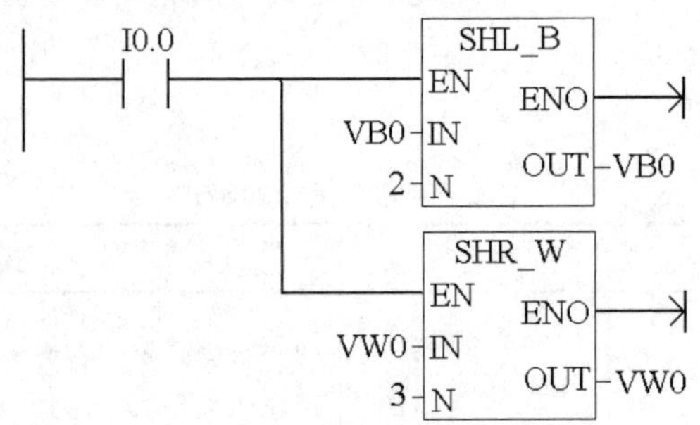

图 6-4　左、右移位指令举例

2. *循环左移和循环右移指令*

循环位移指令格式如表 6-6 所示。

表 6-6　循环位移指令格式

指令名称	梯形图符号	助记符	指令功能
字节循环左移 ROL_B	ROL_B EN ENO IN OUT N	RLB　OUT, N	当允许输入 EN 有效时，将字节型输入数据 IN 循环左移 N 位后，送到 OUT 指定的字节存储单元
字节循环右移 ROR_B	ROR_B EN ENO IN OUT N	RRB　OUT, N	当允许输入 EN 有效时，将字节型输入数据 IN 循环右移 N 位后，送到 OUT 指定的字节存储单元
字循环左移 ROL_W	ROL_W EN ENO IN OUT N	RLW　OUT, N	当允许输入 EN 有效时，将字型输入数据 IN 循环左移 N 位后，送到 OUT 指定的字存储单元
字循环右移 ROR_W	ROR_W EN ENO IN OUT N	RRW　OUT, N	当允许输入 EN 有效时，将字型输入数据 IN 循环右移 N 位后，送到 OUT 指定的字存储单元
双字循环左移 ROL_DW	ROL_DW EN ENO IN OUT N	RLD　OUT, N	当允许输入 EN 有效时，将双字型输入数据 IN 循环左移 N 位后，送到 OUT 指定的双字存储单元
双字循环右移 ROR_DW	ROR_DW EN ENO IN OUT N	RRD　OUT, N	当允许输入 EN 有效时，将双字型输入数据 IN 循环右移 N 位后，送到 OUT 指定的双字存储单元

循环位移的特点如下：

（1）被移位的数据是无符号的。

（2）在移位时，存放被移位数据的编程元件的移出端既与另一端连接，又与特殊继电器 SM1.1 连接，移出位在被移到另一端的同时，也进入 SM1.1（溢出）。

（3）移位次数 *N* 与移位数据的长度有关，如果 *N* 小于实际的数据长度，则执行 *N* 次位移，如果 *N* 大于数据长度，则执行位移的次数为 *N* 除以实际数据长度的余数。

（4）移位次数 *N* 为字节型数据。

如图 6-5 所示的梯形图为循环移位指令应用举例。

假设 VB0 中的内容为 00001111，则执行 RRB 指令后，VB0 中的内容变为 11000011，溢出标志位 SM1.1 中为 1。

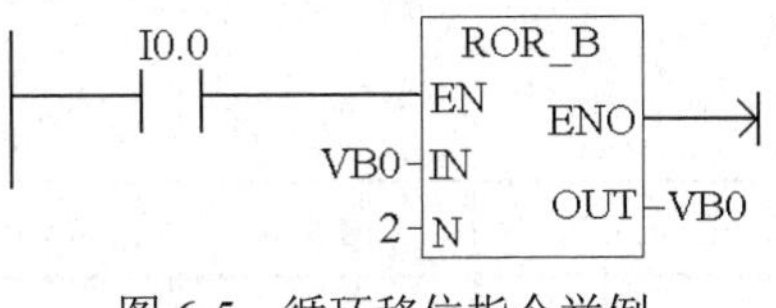

图 6-5　循环移位指令举例

四、移位寄存器指令 SHRB

移位寄存器指令（SHRB）是既可以指定移位寄存器的长度又可以指定移位方向的移位指令，其指令格式如图 6-6 所示。

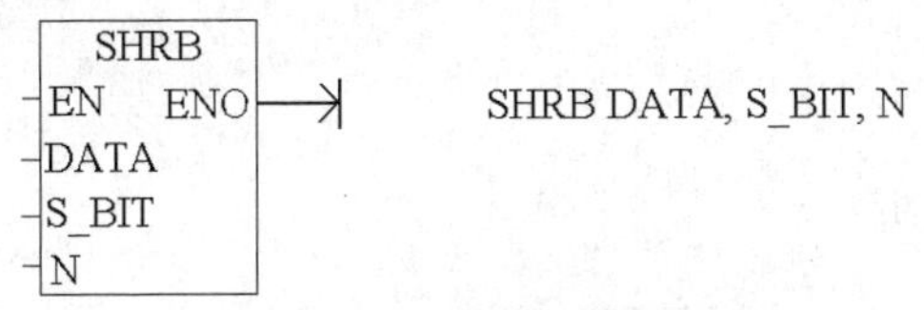

图 6-6　寄存器移位指令格式

该指令有 3 个数据输入端：DATA 为移位寄存器的数据输入端，将该位的值移入移位寄存器；S_BIT 为移位寄存器的最低位端；N 指定移位寄存器的长度。

移位寄存器的特点如下：

（1）移位寄存器的数据类型无字节型、字型、双字型之分，移位寄存器的长度 N（≤64）由程序指定。

（2）N>0 时，为正向移位，即从最低位向最高位移位。

（3）N<0 时，为反向移位，即从最高位向最低位移位。

（4）移位寄存器指令的功能是：当允许输入端 EN 有效时，如果 N>0，则在每个 EN 的前沿，将数据输入 DATA 的状态移入移位寄存器的最低位 S_BIT，其他位依次左移；如果 N<0，则在每个 EN 的前沿，将数据输入 DATA 的状态移入移位寄存器的最高位，移位寄存器的其他位依次右移。

（5）移位寄存器的移出端与 SM1.1（溢出）连接。

移位寄存器指令影响的特殊继电器：SM1.0（零），当移位操作结果为 0 时，SM1.0 自动置位；SM1.1（溢出）的状态由每次移出位的状态决定。

在语句表中，移位寄存器的指令格式：SHRB DATA, S_BIT, N。

图 6-7 为移位寄存器应用举例。该程序的运行结果如表 6-7 所示。

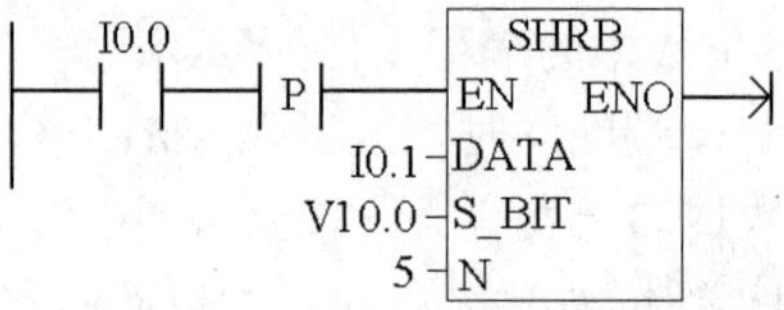

图 6-7　寄存器移位指令举例

表 6-7　指令 SHRB 执行结果

移位次数	I0.1 值	VB10	SM1.1	说明
0	1	10110101	—	移位前，移位时从 VB10.4 移出
1	1	10101011	1	1 移入 SM1.1，I0.1 的值送入右端
2	0	10110111	0	0 移入 SM1.1，I0.1 的值送入右端
3	0	10101110	1	1 移入 SM1.1，I0.1 的值送入右端
4	1	10111101	0	0 移入 SM1.1，I0.1 的值送入右端

【任务分析】

一、输入/输出信号分析

通过指示灯循环点亮系统的控制要求可知，系统输入点数 2 个，输出点数 8 个，可选用 S7-200 型继电器输出结构的 CPU224 小型 PLC。

二、系统硬件设计

指示灯循环点亮 PLC 控制系统的硬件设计包括系统 I/O 元件分配表和输入/输出接线图。

1. 元件分配表

输入/输出信号与 PLC 地址编号对照表见表 6-8。

表 6-8　系统的 I/O 说明

I/O	用途	I/O	用途
I0.0	启动、停止按钮 SB_1	Q0.3	HL4
I0.1	左、右循环按钮 SB_2	Q0.4	HL5
Q0.0	HL1	Q0.5	HL6
Q0.1	HL2	Q0.6	HL7
Q0.2	HL3	Q0.7	HL8

2. 输入/输出接线图

依据 PLC 的 I/O 地址分配表，结合系统的控制要求，指示灯循环点亮 PLC 控制系统电气接线图如图 6-8 所示。

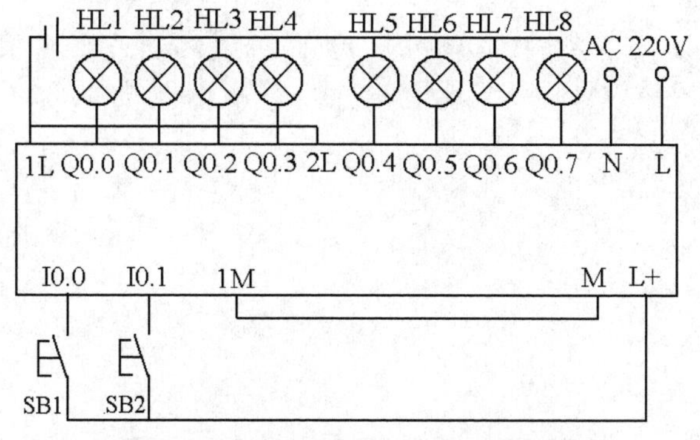

图 6-8　指示灯循环 PLC 控制接线图

三、系统软件设计

1. 梯形图设计

根据指示灯循环点亮系统的控制要求，采用数据传送指令设计的梯形图程序，如图 6-9 所示。

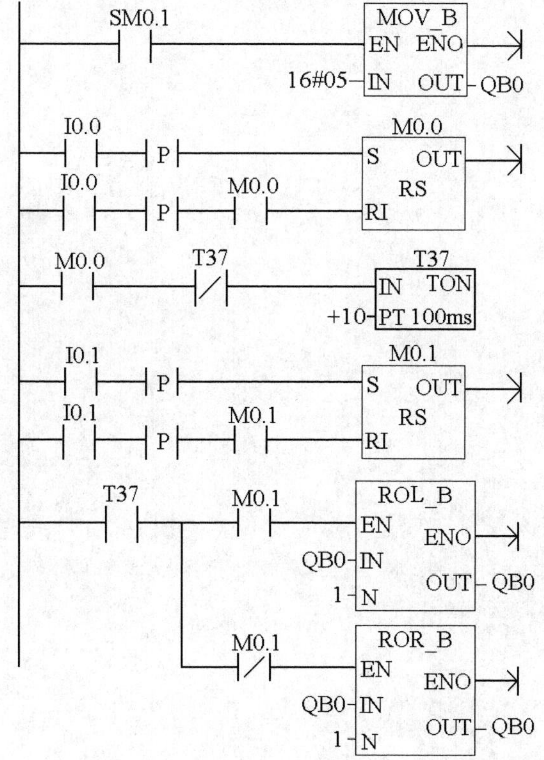

图 6-9　指示灯循环点亮控制程序梯形图

2. 程序的语句表及注释

```
LD      SM0.1
MOVB    16#05,QB0          //将 00000101 送到 QB0 中
LD      I0.0
EU
LD      I0.0
EU
A       M0.0
NOT
LPS
A       M0.0
=       M0.0
LPP
ALD
O       M0.0
=       M0.0               //控制启动与停止

LD      M0.0
AN      T37
TON     T37,10             //定循环周期

LD      I0.1
EU
LD      I0.1
EU
A       M0.1
NOT
LPS
A       M0.1
=       M0.1
LPP
ALD
O       M0.1
=       M0.1               //决定左移或右移
LD      T37
LPS
A       M0.1
RLB     QB0,1              //左移
LPP
AN      M0.1
RRB     QB0,1              //右移
```

【任务实施】

一、器材准备

任务实施所需的器材见表 6-9。

表 6-9　指示灯分组循环控制器材表

器材名称	数量
PLC 基本单元 CPU224	1 个
计算机	1 台
指示灯模拟装置	1 个
按钮	2 个
导线	若干
交、直流电源	1 套
电工工具及仪表	1 套

二、实施步骤

1. 程序输入

连接 PLC 主机和计算机，接通 PLC 电源，打开 S7-200 编程软件，建立指示灯循环控制系统 PLC 控制项目，输入图 6-9 所示的梯形图。

2. 系统安装接线

根据图 6-8 所示的 PLC 输入/输出接线图接线。安装接线时注意各触点要牢固，同时，要注意文明操作，接线时需在断电的情况下进行。

3. 系统调试

确定硬件接线正确后，合上 PLC 电源开关和输出回路电源开关，将图 6-9 所示的梯形图输入到 PLC 中，进行系统模拟调试。

首先将 PLC 的运行开关拨到 RUN，按下启动循环按钮 SB_1 和循环方向控制按钮 SB_2，指示灯应按规定的循环方向循环点亮，再按一次启动循环按钮 SB_1，指示灯应熄灭；再按一次启动循环按钮 SB_1，指示灯又循环点亮，再按循环方向控制按钮 SB_2，指示灯应反方向循环点亮。

如果结果不符合要求，观察输入及输出回路是否接线错误，检查程序是否有误。排除故障后重新送电，再次观察运行结果，直到符合要求为止。

【能力考评】

任务考核点及评价标准见表 6-10。

表 6-10　任务考核点及评价标准

序号	考评内容	考核方式	考核要求	评分标准	配分	扣分	得分
1	硬件接线	教师评价+互评	正确进行 I/O 分配，能正确进行 PLC 外围接线	1. I/O 分配错误，每处扣 2 分 2. PLC 端口使用错误，每处扣 4 分	30		

续表

序号	考评内容	考核方式	考核要求	评分标准	配分	扣分	得分
2	软件编程	教师评价+互评	能根据控制系统的要求和硬件接线，编写出控制梯形图程序和语句表程序	1．梯形图程序错误，每处扣1分 2．语句表程序错误，每处扣1分	40		
3	系统调试	教师评价+互评	能熟练地将程序下载到PLC中，并能快速、正确地调试好程序	1．不能将程序下载到PLC中，扣5分 2．程序调试不正确，扣5分	30		

【知识拓展】算术运算指令

在算术运算中，数据类型为整数INT、双整数DINT、实数REAL，对应的运算结果分别为整数、双整数和实数，除法不保留余数。运算结果如超出允许范围，溢出位被置1。

1．加减运算指令

加减运算指令表格式及功能如表6-11所示。

表6-11　加减运算指令表格式及功能

梯形图符号	助记符	指令功能
ADD_I (EN, ENO, IN1, OUT, IN2)　ADD_DI (EN, ENO, IN1, OUT, IN2)　ADD_R (EN, ENO, IN1, OUT, IN2)	+I IN1, OUT +D IN1, OUT +R IN1, OUT	加法指令：当使能端EN有效时，实现两个整数、双整数和实数的加法运算IN1+IN2=OUT，这里IN2与OUT是同一存储单元
SUB_I (EN, ENO, IN1, OUT, IN2)　SUB_DI (EN, ENO, IN1, OUT, IN2)　SUB_R (EN, ENO, IN1, OUT, IN2)	– I IN1, OUT – D IN1, OUT – R IN1, OUT	减法指令：当使能端EN有效时，实现两个整数、双整数和实数的减法运算IN1–IN2=OUT，这里IN2与OUT是同一存储单元

说明：

（1）IN1、IN2指定加数（或减数）及被加数（或被减数）。OUT与IN2为同一存储单元。

（2）操作数的寻址范围要与指令码一致，OUT不能寻址常数。

（3）该指令影响特殊内部寄存器位SM1.0（零）、SM1.1（溢出）、M1.2（负）。

（4）如果OUT与IN2不同，将首先执行数据传送指令，将IN1传送到OUT，再执行IN2+OUT，结果送OUT。

如图6-10所示的加法指令，求1000加400的和。其中1000存放在数据存储器VW0中，400存放在数据存储器VW2中，结果存放在VW2中。

梯形图程序和语句表程序，如图6-10所示。

```
I0.0        ADD_I
            EN    ENO
      VW0 - IN1
      VW2 - IN2   OUT - VW2

LD   I0.0
+I   VW0, VW2    //VW0+VW2结果送VW2
```

图 6-10　加法指令应用举例

如果两者相加的和在 AC0 中，则梯形图程序和语句表程序，如图 6-11 所示。

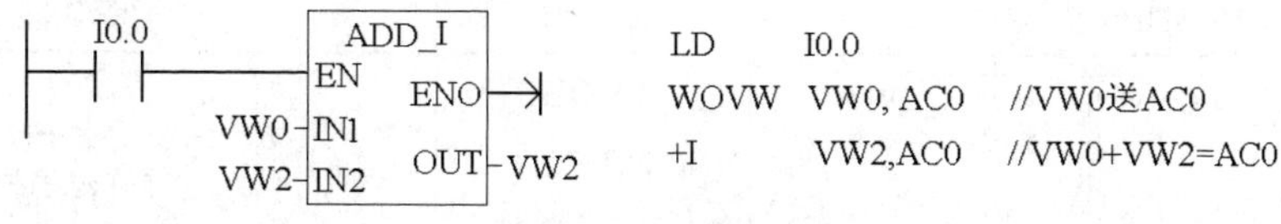

图 6-11　加法指令应用举例

2. 乘除运算指令

乘除运算指令格式及功能如表 6-12 所示。

表 6-12　乘除运算指令格式及功能

梯形图符号	助记符	指令功能
MUL_I（EN、ENO、IN1、IN2、OUT）；MUL_DI（EN、ENO、IN1、IN2、OUT）；MUL_R（EN、ENO、IN1、IN2、OUT）	*I IN1, OUT *D IN1, OUT *R IN1, OUT	乘法指令：当使能端 EN 有效时，实现两个整数、双整数和实数的乘法运算 IN1*IN2=OUT
DIV_I（EN、ENO、IN1、IN2、OUT）；DIV_DI（EN、ENO、IN1、IN2、OUT）；DIV_R（EN、ENO、IN1、IN2、OUT）	/ I IN1, OUT / D IN1, OUT / R IN1, OUT	除法指令：当使能端 EN 有效时，实现两个整数、双整数和实数的除法运算 IN1 / IN2=OUT
MUL（EN、ENO、IN1、IN2、OUT）	MUL IN1, OUT	整数乘法产生双整数指令：两个 16 位整数相乘，得到一个 32 位整数乘积
DIV（EN、ENO、IN1、IN2、OUT）	DIV IN1, OUT	带余数的除法指令：两个 16 位整数相除，得到一个 32 位的结果，高 16 位为余数，低 16 位为商

说明：

（1）操作数的寻址范围要与指令码中一致，OUT 不能寻址常数。

（2）在梯形图中，IN1*IN2=OUT，IN1/IN2=OUT；在语句表中，IN1*OUT=OUT，OUT/IN1=OUT。

（3）整数及双整数乘除法指令，使能输入有效时，将两个 16（或 32）位符号整数相乘（或除），并产生一个 32 位积（或商），从 OUT 指定的存储单元输出。除法不保留余数。如果乘法输出结果大于一个字，则溢出位 SM1.1 置位 1。

（4）该指令影响下列特殊内存位，即 SM1.0（零）、SM1.1（溢出）、SM1.2（负）、SM1.3（除数为 0）。

3. 增减指令

增减指令又称为自动加 1 或自动减 1 指令。用于对输入无符号数字节、有符号字、有符号双字进行加 1 或减 1 的操作。

加 1、减 1 指令格式及功能如表 6-13 所示。

表 6-13　加 1、减 1 指令格式及功能

梯形图符号	助记符	指令功能
INC_B (EN ENO IN OUT)　INC_W (EN ENO IN OUT)　INC_DW (EN ENO IN OUT)	INCB　OUT INCW　OUT INCD　OUT	加 1 指令：当使能端 EN 有效时，实现字节、字、双字整数的加 1 计算
DEC_B (EN ENO IN OUT)　DEC_W (EN ENO IN OUT)　DEC_DW (EN ENO IN OUT)	DECB　OUT DECW　OUT DECD　OUT	减 1 指令：当使能端 EN 有效时，实现字节、字、双字整数的减 1 计算

说明：

（1）操作数的寻址范围要与指令码中一致，其中对字节操作时不能寻址专用的字节及双字存储器，如 T、C 及 HC 等；对字操作时不能寻址专用的双字存储器 HC；OUT 不能寻址常数。

（2）在梯形图中，IN+1=OUT，IN–1=OUT；在语句表中，OUT+1=OUT，OUT-1=OUT。如果 OUT 与 IN 为同一存储器，则在语句表指令中不需要使用数据传送指令，可减少指令条数，从而减少存储空间。

例 3　I0.1 每接通一次，AC0 的内容自动加 1 一次，VW10 的内容自动减 1。

梯形图程序及语句表如图 6-12 所示。

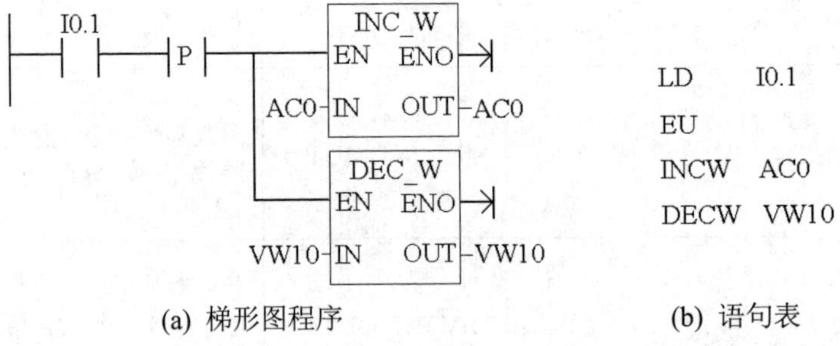

(a) 梯形图程序　　(b) 语句表

图 6-12　加 1 减 1 指令编程举例

4. 逻辑运算指令

逻辑运算指令是对逻辑数（无符号数）进行处理，包括逻辑与、或、异或及逻辑取反等逻辑操作，可用于存储器的清零、设置标识位等。数据长度为字节、字、双字。

逻辑运算指令格式及功能如表 6-14 所示。

表 6-14　逻辑运算指令格式及功能

梯形图符号	助记符	指令功能
WAND_B（EN、IN1、IN2；ENO、OUT）　WAND_W（EN、IN1、IN2；ENO、OUT）　WAND_DW（EN、IN1、IN2；ENO、OUT）	ANDB IN1, OUT ANDW IN1, OUT ANDD IN1, OUT	“与”运算指令：当使能端 EN 有效时，实现字节、字、双字的与运算，运算结果存放 OUT。这里 IN2 与 OUT 是同一存储单元
WOR_B（EN、IN1、IN2；ENO、OUT）　WOR_W（EN、IN1、IN2；ENO、OUT）　WOR_DW（EN、IN1、IN2；ENO、OUT）	ORB　IN1, OUT ORW　IN1, OUT ORD　IN1, OUT	“或”运算指令：当使能端 EN 有效时，实现字节、字、双字的或运算，运算结果存放 OUT。这里 IN2 与 OUT 是同一存储单元
WXOR_B（EN、IN1、IN2；ENO、OUT）　WXOR_W（EN、IN1、IN2；ENO、OUT）　WXOR_DW（EN、IN1、IN2；ENO、OUT）	XORB IN1, OUT XORW IN1, OUT XORD IN1, OUT	“异或”运算指令：当使能端 EN 有效时，实现字节、字、双字的异或运算，运算结果存放 OUT。这里 IN2 与 OUT 是同一存储单元
INV_B（EN、IN1、IN2；ENO、OUT）　INV_W（EN、IN1、IN2；ENO、OUT）　INV_DW（EN、IN1、IN2；ENO、OUT）	INVB　OUT INVW　OUT INVD　OUT	“取反”运算指令：当使能端 EN 有效时，实现字节、字、双字的取反运算，运算结果存放 OUT。这里 IN 与 OUT 是同一存储单元

思考与练习

1．设 3 台电机分别由 Q0.0、Q0.1、Q0.2 驱动，I0.0 为启动输入信号，I0.1 为停止信号，希望 3 台电动机能同时启动同时停车，试用传送指令编程实现。

2．设 Q0.0、Q0.1、Q0.2 分别驱动 3 台电机，I0.0 为 3 台电动机依次启动的启动按钮，I0.1 为 3 台电动机同时停车的按钮，要求 3 台电动机依次启动的时间间隔为 5s，试用定时器指令、比较指令配合编写程序。

3．8 只指示灯依次向左循环点亮控制，移位的时间间隔是 1s，设 I0.0 为循环启动按钮，I0.1 为循环停止按钮，试用数据移位指令编程实现之。

4．一圆的直径值（<1000 的整数）存放在 VW100 中，取 π=3.1416，用实数运算指令计算圆的周长，结果 4 舍 5 入转为整数后，存放在 VW200 中。

5．若 I0.1、I0.2、I0.3、I0.4 分别对应着 3、4、5、6。试用译码指令与段码指令配合，将其通过 QB0 显示出来。

7

四组抢答器PLC控制系统的装调

知识目标：

1. 掌握数据转换指令的格式、功能及应用；
2. 掌握段译码、编码、译码指令的格式、功能及应用。

技能目标：

根据系统的控制要求，能运用数据转换指令进行抢答器PLC控制系统的硬件电路和梯形图程序的设计。

【任务描述】

1. 抢答器系统工作描述

无论是在学校、工厂还是电视节目中，都可能会举办各种各样的智力竞赛，都会用到抢答器，它能准确、公正、直观地判断出第一抢答者。随着科学技术的日益发展，对抢答器的可靠性以及实时性要求越来越高。此任务是设计一个四路抢答器PLC控制系统，使用功能指令，其程序设计简单，适用于多种竞赛场合。四路抢答器工作示意图如图7-1所示。

2. 控制要求

四组抢答器，有4位选手，一位主持人，主持人有一个开始答题按钮，一个系统复位按钮。主持人按下开始答题按钮后，4位选手开始抢答，抢答有效指示灯HL1点亮，并显示选手号码，其他选手按钮不起作用。如果主持人未按下开始答题按钮，有选手抢答，则认为犯规，犯规指示灯HL2灯点亮，同时选手序号在数码管上显示。当主持人按下开始答题按钮，时间开始倒计时，在10s内抢答有效，10s后抢答无效。各种情况下，只要主持人按下系统复位按钮，系统回到初始状态。

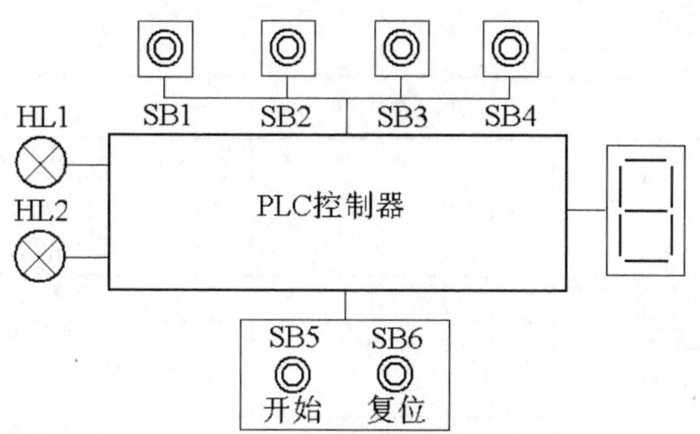

图 7-1　四路抢答器示意图

【相关知识】

数据的转换

转换指令的作用是对数据格式进行转换，包括字节数与整数的互相转换、整数与双字整数的互相转换、双字整数与实数的互相转换、BCD 码与整数的互相转换、ASCII 码与十六进制数的互相转换以及编码、译码、段译码等操作。它们主要用于数据处理时的数据匹配及数据显示，在此先学习与任务有关的译码、编码、段译码指令。

1. 数据转换指令

数据转换指令的格式及功能如表 7-1 所示。

表 7-1　数据转换指令的格式及功能

指令名称	梯形图程序	语句表程序	指令功能
字节到整数 B_I	B_I EN ENO IN OUT	BTI IN, OUT	当允许输入 EN 有效时，将字节型输入数据 IN，转换成整数型数据送到 OUT
整数到字节 I_B	I_B EN ENO IN OUT	ITB IN, OUT	当允许输入 EN 有效时，将字节型整数输入数据 IN，转换成字节型数据送到 OUT
整数到双整数 I_D	I_D EN ENO IN OUT	ITD IN, OUT	当允许输入 EN 有效时，将整数型输入数据 IN，转换成双整数型数据送到 OUT
双整数到整数 D_I	D_I EN ENO IN OUT	DTI IN, OUT	当允许输入 EN 有效时，将双整数型输入数据 IN，转换成整数型数据送到 OUT
实数到双整数 ROUND	ROUND EN ENO IN OUT	ROUND IN, OUT	当允许输入 EN 有效时，将实数型输入数据 IN，转换成双整数型数据（对 IN 中的小数采取四舍五入）送到 OUT

续表

指令名称	梯形图程序	语句表程序	指令功能
实数到双整数 TRUNC	TRUNC EN ENO IN OUT	TRUNC IN, OUT	当允许输入 EN 有效时，将实数型输入数据 IN，转换成双整数型数据（舍去 IN 中的小数部分）送到 OUT
双整数到实数 DI_R	DI_R EN ENO IN OUT	DTR IN, OUT	当允许输入 EN 有效时，将双整数型输入数据 IN，转换成实数型数据送到 OUT
整数到 BCD 码 I_BCD	I_BCD EN ENO IN OUT	IBCD OUT	当允许输入 EN 有效时，将整数型输入数据 IN，转换成 BCD 码输入数据送到 OUT
BCD 码到整数 BCD_I	BCD_I EN ENO IN OUT	BCDI OUT	当允许输入 EN 有效时，将 BCD 码输入数据 IN，转换成整数型输入数据送到 OUT

说明：操作数不能寻址一些专用的字及双字存储器，如 T、C、HC 等。OUT 不能寻址常数。

2. 译码、编码、段译码指令

译码、编码、段译码指令格式及功能如表 7-2 所示。

表 7-2　译码、编码、段译码指令格式及功能

梯形图程序	语句表程序	指令功能
SEG EN ENO IN OUT	SEG IN, OUT	段译码指令：将输入字节 IN 的低 4 位有效数字转换为 7 段显示码，并输出到字节 OUT
DECO EN ENO IN OUT	DECO IN, OUT	译码指令：根据输入字节 IN 低 4 位所表示的位号（十进制数），将输出字 OUT 相应位置 1，其他位置 0
ENCO EN ENO IN OUT	ENCO IN, OUT	编码指令：将输入字 IN 最低有效位的位号转换为输出字节 OUT 中的低 4 位数据

说明：

（1）7 段显示码的编码规则如表 7-3 所示。

（2）对于段译码指令，操作数 IN、OUT 均为字节变量，寻址范围不包括专用的字及双字存储器如 T、C、HC 等，其中 OUT 不能寻址常数。

（3）对于译码指令，不能寻址专用的字及双字存储器如 T、C、HC 等；OUT 为字节变量，不能对 HC 及常数寻址。

（4）对于编码指令，操作数 IN 为字变量，OUT 为字节变量，OUT 不能寻址常数及专用的字、双字存储器 T、C、HC 等。

表 7-3　七段显示码的编码规则

IN	OUT	段码显示	IN	OUT
	▪ g f e d c b a			▪ g f e d c b a
0	0 0 1 1 1 1 1 1		8	0 1 1 1 1 1 1 1
1	0 0 0 0 0 1 1 0		9	0 1 1 0 0 1 1 1
2	0 1 0 1 1 0 1 1	a	A	0 1 1 1 0 1 1 1
3	0 1 0 0 1 1 1 1	f g b	B	0 1 1 1 1 1 0 0
4	0 1 1 0 0 1 1 0	e c ▪	C	0 0 1 1 1 0 0 1
5	0 1 1 0 1 1 0 1	d	D	0 1 0 1 1 1 1 0
6	0 1 1 1 1 1 0 1		E	0 1 1 1 1 0 0 1
7	0 0 0 0 0 1 1 1		F	0 1 1 1 0 0 0 1

【任务分析】

一、输入/输出信号分析

根据控制要求，输入信号为选手 1～4 的抢答按钮、主持人开始按钮、复位按钮共计 6 个输入点，输出信号为数码管显示 Q0.0～Q0.7、抢答指示灯、犯规指示灯共计 10 个输出点。可选用 S7-200 型继电器输出结构的 CPU226 小型 PLC。

二、系统硬件设计

四路抢答器 PLC 控制系统的硬件设计包括系统 I/O 元件分配表和输入/输出接线图。

1. 元件分配表

输入/输出信号与 PLC 地址编号对照表见表 7-4。

表 7-4　输入/输出信号与 PLC 地址编号对照表

输入			输出		
名称	功能	编号	名称	功能	编号
SB_1	选手 1 的抢答按钮	I0.1	QB0	数码管显示	Q0.0～Q0.7
SB_2	选手 2 的抢答按钮	I0.2	HL1	抢答指示灯	Q1.0
SB_3	选手 3 的抢答按钮	I0.3	HL2	犯规指示灯	Q1.1
SB_4	选手 4 的抢答按钮	I0.4			
SB_5	主持人开始按钮	I0.5			
SB_6	复位按钮	I0.6			

2. 输入/输出接线图

依据 PLC 的 I/O 地址分配表，结合系统的控制要求，四路抢答器 PLC 控制系统电气接线图如图 7-2 所示。

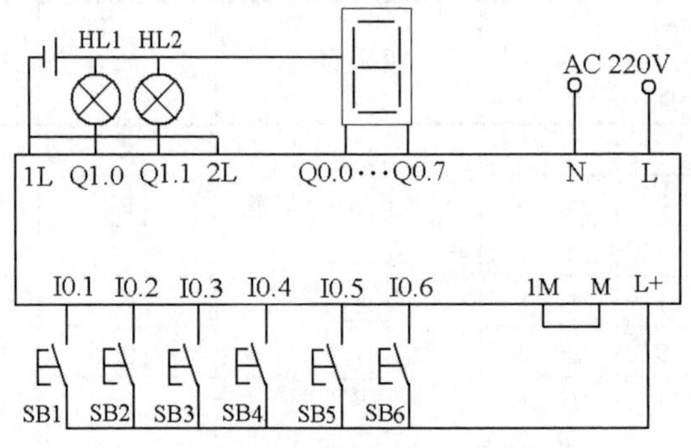

图 7-2　四路抢答器控制系统电气接线图

三、系统软件设计

1. 梯形图设计

根据四路抢答器系统的控制要求，采用数据转换指令设计的梯形图程序，如图 7-3 所示。

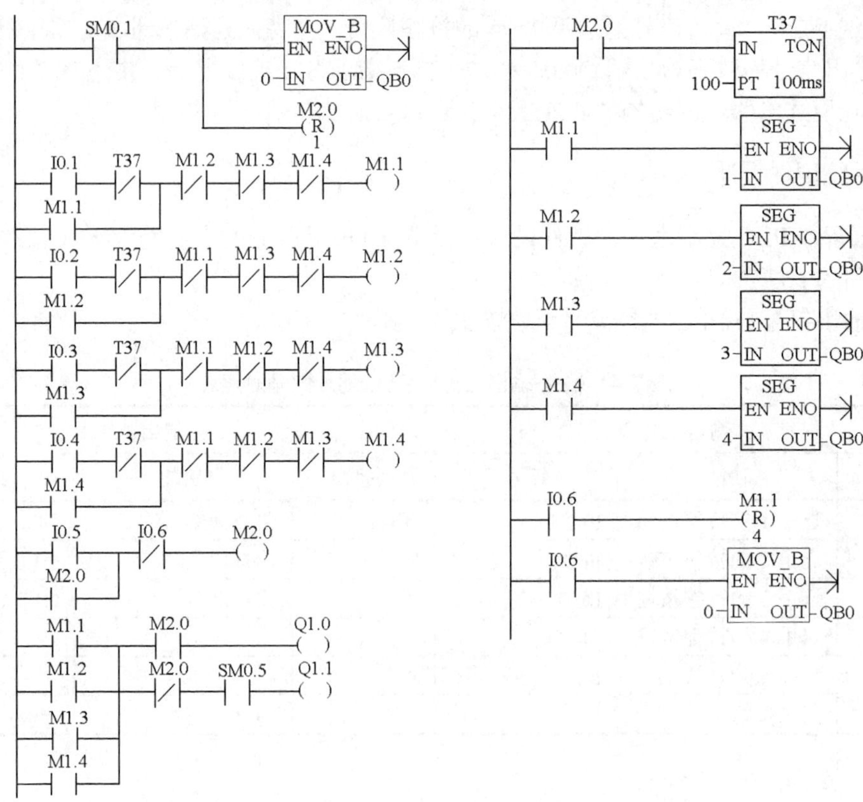

图 7-3　四路抢答器 PLC 控制系统梯形图程序

项目七

2. 程序的语句表

```
LD      SM0.1
MOVB    0,QB0
R       M2.0,1

LD      I0.1
AN      T37
O       M1.1
AN      M1.2
AN      M1.3
AN      M1.4
=       M1.1

LD      I0.2
AN      T37
O       M1.2
AN      M1.1
AN      M1.3
AN      M1.4
=       M1.2

LD      I0.3
AN      T37
O       M1.3
AN      M1.1
AN      M1.2
AN      M1.4
=       M1.3

LD      I0.4
AN      T37
O       M1.4
AN      M1.1
AN      M1.2
AN      M1.3
=       M1.4

LD      I0.5
O       M2.0
AN      I0.6
=       M2.0

LD      M1.1
O       M1.2
O       M1.3
O       M1.4
LPS
A       M2.0
=       Q1.0
LPP
AN      M2.0
```

```
A       SM0.5
=       Q1.1

LD      M2.0
TON     T37,100

LD      M1.1
SEG     1,QB0
LD      M1.2
SEG     2,QB0
LD      M1.3
SEG     3,QB0
LD      M1.4
SEG     4,QB0

LD      I0.6
R       M1.1,4

LD      I0.6
MOVB    0,QB0
```

【任务实施】

一、器材准备

任务实施所需的器材见表 7-5。

表 7-5　四路抢答器控制实训器材表

器材名称	数量
PLC 基本单元 CPU226（或更高类型）	1 个
计算机	1 台
四路抢答器模拟装置	1 个
导线	若干
交、直流电源	1 套
电工工具及仪表	1 套

二、实施步骤

1. 程序输入

连接 PLC 主机和计算机，接通 PLC 电源，打开 S7-200 编程软件，建立四路抢答器控制系统 PLC 控制项目，输入图 7-3 所示的梯形图。

2. 系统安装接线

根据图 7-2 所示的 PLC 输入/输出接线图接线。安装接线时注意各触点要牢固，同时，要注意文明操作，接线需在断电的情况下进行。

3. 系统调试

确定硬件接线正确后，合上 PLC 电源开关和输出回路电源开关，将图 7-3 所示的梯形图输入到 PLC 中，进行系统模拟调试。

按下开始答题按钮后，任意按下一个选手按钮，抢答有效指示灯应点亮、数码管显示相应数字；断开开始答题按钮后，按下任何一个选手按钮，犯规指示灯点亮、同时数码管显示对应的选手号码；按下开始答题按钮后 10s 后，再任意按下一个选手按钮，抢答均无效。

如果结果不符合要求，系统断电后观察输入及输出回路是否接线错误，检查程序是否有误。排除故障后重新送电，再次观察运行结果，直到符合要求为止。

【能力考评】

任务考核点及评价标准见表 7-6。

表 7-6　任务考核点及评价标准

序号	考评内容	考核方式	考核要求	评分标准	配分	扣分	得分
1	硬件接线	教师评价+互评	正确进行 I/O 分配，能正确进行 PLC 外围接线	1. I/O 分配错误，每处扣 2 分 2. PLC 端口使用错误，每处扣 4 分	30		
2	软件编程	教师评价+互评	能根据控制系统的要求和硬件接线，编写出控制梯形图程序和语句表程序	1. 梯形图程序错误，每处扣 1 分 2. 语句表程序错误，每处扣 1 分	40		
3	系统调试	教师评价+互评	能熟练地将程序下载到 PLC 中，并能快速、正确地调试好程序	1. 不能将程序下载到 PLC 中，扣 5 分 2. 程序调试不正确，扣 5 分	30		

思考与练习

1. 用 6 路输入开关 K1、K2、K3、K4、K5、K6 实现优先抢答控制。要求主持人按下允许抢答按钮 I0.0 后抢答，主持人按下抢答结束按钮 I0.1 后抢答无效，用数码管显示选手的组号。

2. 若 I0.1、I0.2、I0.3、I0.4 分别对应着数字 3、4、5、6。试用数据传送指令与段码指令配合或译码指令与段码指令配合将其通过 QB0 显示出来。

8

指示灯循环左移的 PLC 控制系统的装调

知识目标：

1. 理解中断、中断事件、中断优先级等概念，了解各类中断事件及中断优先级；
2. 掌握中断指令的格式、功能及应用，掌握中断程序的建立方法。

技能目标：

根据系统的控制要求，能运用中断指令进行指示灯循环左移 PLC 控制系统的硬件电路和梯形图程序的设计。

【任务描述】

1. 指示灯循环左移控制系统工作描述

指示灯循环点亮的 PLC 控制，除了项目七使用数据传送指令编程控制外，还可用中断指令编程控制。本任务就是通过中断指令编程，实现 PLC 对指示灯循环左移点亮的控制。指示灯显示装置示意图如图 8-1 所示。

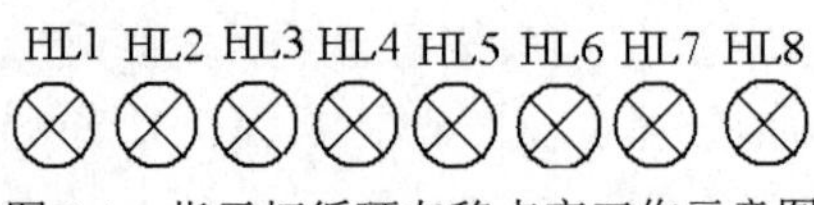

图 8-1　指示灯循环左移点亮工作示意图

2. 控制要求

利用“定时中断”让 8 位指示灯循环左移。先设定 8 位指示灯在 QB0 处显示，并设初始值“9”，然后每隔 1s 指示灯循环左移一位。控制按钮（SB_1）按下循环开始，再按一次停止，停止后指示灯全灭。本题的特点是利用特殊继电器 SMB34 的定时产生第十号中断事件，去执行 0 号中断程序。

【相关知识】

S7-200 系列 PLC 的中断功能与微型计算机的中断功能相似，是指控制系统在执行正常程序时，当一些随机的中断事件发生时，系统暂时停止执行现行程序，转去处理紧急事件（即中断服务程序），中断服务程序处理完毕，系统自动回到原来的主程序继续执行。

一、中断事件

S7-200 有 34 个中断事件，每个中断事件分配一个编号用于识别，叫中断事件号。中断事件大致分为三大类，通讯中断、I/O 中断和时基中断。

1. 通讯中断

PLC 的自由通讯模式下，通讯口的状态可由程序控制。用户可以通过编程设置通讯协议、波特率和奇偶校验。S7-200 系列 PLC 有 6 种通讯口中断事件。

2. I/O 中断

S7-200 系列 PLC 对 I/O 点状态的各种变化产生中断，包括外部输入中断、高速计数器中断和脉冲串输出中断。这些事件可以对高速计数器、脉冲输出或输入的上升或下降状态作出响应。

外部输入中断是系统利用 I0.0～I0.3 的上升或下降沿产生中断；高速计数器中断可以响应当前值等于预设值、计数方向改变、计数器外部复位等事件引起的中断；脉冲串输出中断用来响应给定数量脉冲输出完成引起的中断。

3. 时基中断

时基中断包括定时中断和定时器中断。

定时中断包括定时中断 0 和定时中断 1，这两个定时中断按设定的时间周期不断循环工作，可以用来以固定的时间间隔作为采样周期，对模拟量输入进行采样。定时中断的时间间隔存储在时间间隔寄存器 SMB34 和 SMB35 中，分别对应定时中断 0 和定时中断 1，21X 系列 PLC 在 5～255ms 之间以 ms 为增量单位进行设定；22X 系列 PLC 在 1～255ms 之间以 ms 为增量单位进行设定。CPU 响应定时中断事件时，会获取该时间间隔值。

定时器中断就是利用定时器来对一个指定的时间间隔产生中断。只能由 1ms 延时定时器 T32 和 T39 产生。当 T32 或 T39 的当前值等于预设值时，CPU 响应定时中断，执行中断服务程序。

二、中断优先级

S7-200 系列 CPU 规定的中断优先权由高到低依次是通讯中断、I/O 中断和时基中断。

CPU 响应中断有以下三个原则：

（1）当不同优先级的中断源同时申请中断时，CPU 先响应优先级最高的中断事件。

（2）在相同优先级的中断事件中，CPU 按先后申请的顺序处理中断。

（3）CPU 任何时刻只执行一个中断程序。当 CPU 正在处理某个中断时，不会被别的中断程序甚至是更高优先级的中断程序所打断，一直执行到结束。

各中断事件及优先级如表 8-1 所示。

表 8-1　中断事件及优先级

<table>
<tr><th>优先级分组</th><th>组内优先级</th><th>中断事件号</th><th>中断事件描述</th><th>中断事件类别</th></tr>
<tr><td rowspan="24">I/O 中断</td><td>0</td><td>19</td><td>PT0　0 脉冲串输出完成中断</td><td rowspan="2">脉冲串输出</td></tr>
<tr><td>1</td><td>20</td><td>PT1　1 脉冲串输出完成中断</td></tr>
<tr><td>2</td><td>0</td><td>I0.0 上升沿中断</td><td rowspan="8">外部输入</td></tr>
<tr><td>3</td><td>2</td><td>I0.1 上升沿中断</td></tr>
<tr><td>4</td><td>4</td><td>I0.2 上升沿中断</td></tr>
<tr><td>5</td><td>6</td><td>I0.3 上升沿中断</td></tr>
<tr><td>6</td><td>1</td><td>I0.0 下降沿中断</td></tr>
<tr><td>7</td><td>3</td><td>I0.1 下降沿中断</td></tr>
<tr><td>8</td><td>5</td><td>I0.2 下降沿中断</td></tr>
<tr><td>9</td><td>7</td><td>I0.3 下降沿中断</td></tr>
<tr><td>10</td><td>12</td><td>HSC0 当前值=预设值中断</td><td rowspan="14">高速计数器</td></tr>
<tr><td>11</td><td>27</td><td>HSC0 计数方向改变中断</td></tr>
<tr><td>12</td><td>28</td><td>HSC0 外部复位中断</td></tr>
<tr><td>13</td><td>13</td><td>HSC1 当前值=预设值中断</td></tr>
<tr><td>14</td><td>14</td><td>HSC1 计数方向改变中断</td></tr>
<tr><td>15</td><td>15</td><td>HSC1 外部复位中断</td></tr>
<tr><td>16</td><td>16</td><td>HSC2 当前值=预设值中断</td></tr>
<tr><td>17</td><td>17</td><td>HSC2 计数方向改变中断</td></tr>
<tr><td>18</td><td>18</td><td>HSC2 外部复位中断</td></tr>
<tr><td>19</td><td>32</td><td>HSC3 当前值=预设值中断</td></tr>
<tr><td>20</td><td>29</td><td>HSC4 当前值=预设值中断</td></tr>
<tr><td>21</td><td>30</td><td>HSC4 计数方向改变中断</td></tr>
<tr><td>22</td><td>31</td><td>HSC4 外部复位中断</td></tr>
<tr><td>23</td><td>33</td><td>HSC5 当前值=预设值中断</td></tr>
<tr><td rowspan="6">通讯中断</td><td>0</td><td>8</td><td>通讯口 0：接收字符</td><td rowspan="3">通讯口 0</td></tr>
<tr><td>0</td><td>9</td><td>通讯口 0：发送完成</td></tr>
<tr><td>0</td><td>23</td><td>通讯口 0：接收信息完成</td></tr>
<tr><td>1</td><td>24</td><td>通讯口 1：接收信息完成</td><td rowspan="3">通讯口 1</td></tr>
<tr><td>1</td><td>25</td><td>通讯口 1：接收字符</td></tr>
<tr><td>1</td><td>26</td><td>通讯口 1：发送完成</td></tr>
</table>

续表

优先级分组	组内优先级	中断事件号	中断事件描述	中断事件类别
定时中断	0	10	定时中断 0	定时
	1	11	定时中断 1	
	2	21	定时器 T32　CT=PT 中断	定时器
	3	22	定时器 T96　CT=PT 中断	

三、中断指令

S7-200 系列 PLC 的中断指令包含中断允许、中断禁止、中断连续、中断分离、中断服务程序标号和中断返回指令，可用于实时控制、在线通讯或网络中，根据中断事件的出现情况，及时发出控制命令，其指令格式及功能如表 8-2 所示。

表 8-2　中断指令

梯形图程序	语句表程序	指令功能
—(ENI)	ENI	中断允许指令：全局性地允许所有被连接的中断事件
—(DISI)	DISI	中断禁止指令：全局性地禁止处理所有的中断事件
ATCH EN　ENO INT EVNT	ATCH INT, EVNT	中断连接指令：用来建立中断事件（EVNT）与中断程序（INT）之间的联系
DTCH EN　ENO EVNT	DTCH EVNT	中断分离指令：用来断开中断事件（EVNT）与中断程序（INT）之间的联系
—(RETI)	CRETI	中断有条件返回：根据逻辑操作的条件，从中断程序有条件返回

说明：

（1）多个中断事件可以调用同一个中断程序，但一个中断事件不能调用多个中断程序。

（2）中断服务程序执行完成后会自动返回，RETI 指令根据逻辑运算结果决定是否从中断程序返回。

【任务分析】

一、输入/输出信号分析

根据指示灯循环左移 PLC 控制系统要求，系统输入点数 1 个，输出点数 8 个，可选用 S7-200 型继电器输出结构的 CPU224 小型 PLC。

二、系统硬件设计

指示灯循环左移点亮PLC控制系统的硬件设计包括系统I/O元件分配表和输入/输出接线图。

1. 元件分配表

输入/输出信号与PLC地址编号对照表见表8-3。

表8-3 系统的I/O说明

I/O	用途	I/O	用途
I0.0	启动、停止按钮 SB_1	Q0.4	HL5
Q0.0	HL1	Q0.5	HL6
Q0.1	HL2	Q0.6	HL7
Q0.2	HL3	Q0.7	HL8
Q0.3	HL4		

2. 输入/输出接线图

依据PLC的I/O地址分配表，结合系统的控制要求，指示灯循环左移点亮PLC控制系统电气接线图如图8-2所示。

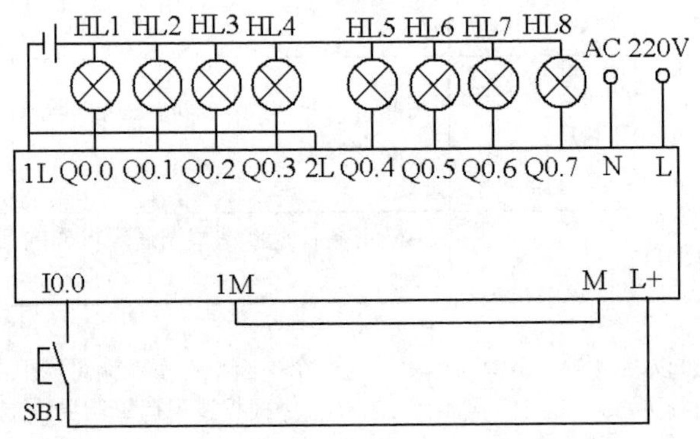

图8-2 指示灯循环左移PLC控制接线图

三、系统软件设计

1. 梯形图设计

根据指示灯循环左移点亮系统的控制要求，采用中断指令设计的梯形图程序，如图8-3所示。

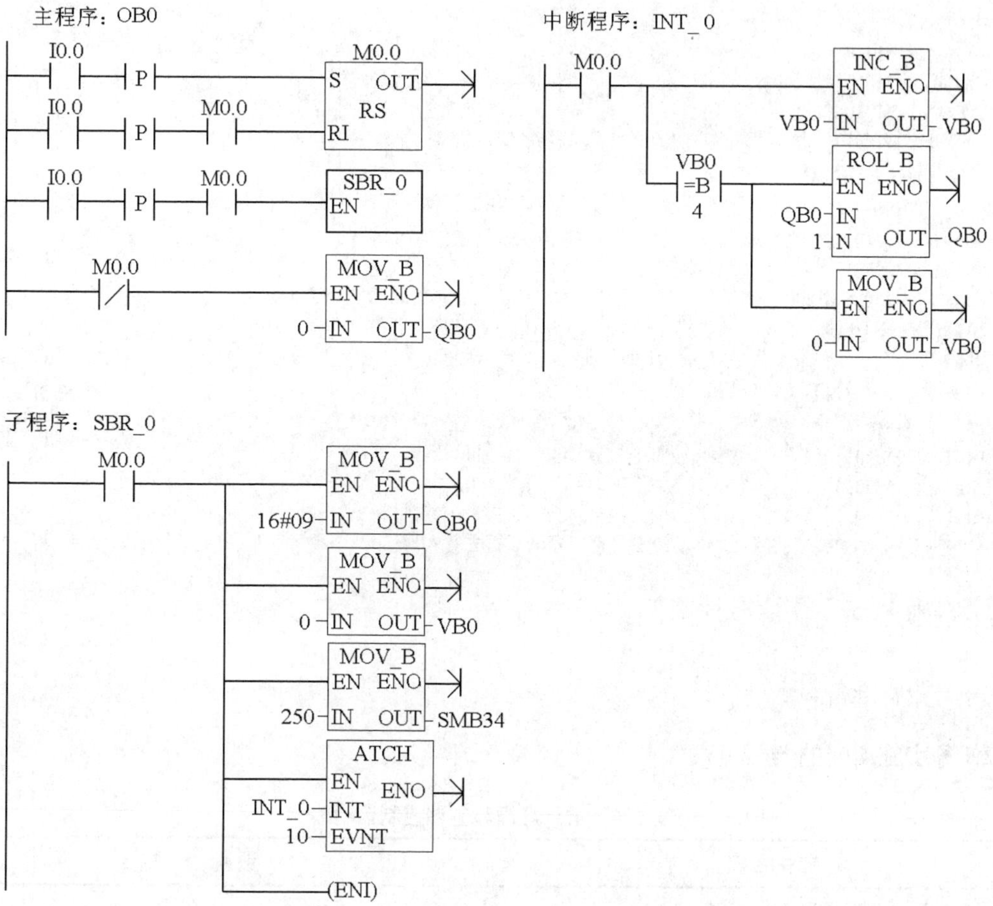

主程序：OB0

中断程序：INT_0

子程序：SBR_0

图 8-3 指示灯循环左移控制程序梯形图

2. 程序语句表及注释

主程序：OB1

```
LD    I0.0          //按奇数次时启动，按偶数次时停止
EU
LD    I0.0
EU
A     M0.0
NOT
LPS
A     M0.0
=     M0.0
LPP
ALD
O     M0.0
=     M0.0          //决定运行或停止
LD    I0.0
```

```
EU
A       M0.0
CALL    SBR0
LDN     M0.0
MOVB    0, QB0              //在停止状态下给 QB0 清 0
```

子程序：SBR_0

```
LD      M0.0
MOVB    16#09, QB0          //进入子程序给 QB0 置初始值 9
MOVB    0, VB0              //初始化时给 VB0 清 0
MOVB    250, SMB34          //初始化时给特殊继电器 SMB34 设定中断时间
ATCH    INT0,10             //当第 10 号中断事件产生时执行 0 号中断程序
ENI                         //开通中断
```

中断程序：INT_0

```
LD      M0.0
INCB    VB0                 //执行一次中断 VB0 加一次 1
AB=     VB0, 4              //执行 4 次中断相当于 1s
RLB     QB0, 1              //隔 1s 指示灯循环左移一位
MOVB    0, VB0              /给变量寄存器清 0 再去等 4 次
```

【任务实施】

一、器材准备

任务实施所需的器材见表 8-4。

表 8-4　指示灯循环左移控制器材表

器材名称	数量
PLC 基本单元 CPU224	1 个
计算机	1 台
指示灯模拟装置	1 个
按钮	2 个
导线	若干
交、直流电源	1 套
电工工具及仪表	1 套

二、实施步骤

1. 程序输入

连接 PLC 主机和计算机，接通 PLC 电源，打开 S7-200 编程软件，建立指示灯循环左移控制系统 PLC 控制项目，输入图 8-3 所示的梯形图程序。

2. 系统安装接线

根据图 8-2 所示的 PLC 输入/输出接线图接线。安装接线时注意各触点要牢固，同时，要

注意文明操作，接线时需在断电的情况下进行。

3. 系统调试

确定硬件接线正确后，合上 PLC 电源开关和输出回路电源开关，将图 8-3 所示的梯形图输入到 PLC 中，进行系统模拟调试。

首先将 PLC 的运行开关拨到 RUN，按下启动循环按钮 SB_1，指示灯是应按规定的循环方向循环点亮，再按一次启动循环按钮 SB_1，指示灯应熄灭。

如果结果不符合要求，断开电源后，观察输入及输出回路是否接线错误，检查程序是否有误。排除故障后重新送电，再次观察运行结果，直到符合要求为止。

【能力考评】

任务考核点及评价标准见表 8-5。

表 8-5　任务考核点及评价标准

序号	考评内容	考核方式	考核要求	评分标准	配分	扣分	得分
1	硬件接线	教师评价+互评	正确进行 I/O 分配，能正确进行 PLC 外围接线	1. I/O 分配错误，每处扣 2 分 2. PLC 端口使用错误，每处扣 4 分	30		
2	软件编程	教师评价+互评	能根据控制系统的要求和硬件接线，编写出控制梯形图程序和语句表程序	1. 梯形图程序错误，每处扣 1 分 2. 语句表程序错误，每处扣 1 分	40		
3	系统调试	教师评价+互评	能熟练地将程序下载到 PLC 中，并能快速、正确地调试好程序	1. 不能将程序下载到 PLC 中，扣 5 分 2. 程序调试不正确，扣 5 分	30		

思考与练习

1. S7-200 系列 PLC 的中断事件分为几类？它们的中断优先级如何划分？

2. I/O 中断事件有哪些，各有何含义？

3. 时基中断包括哪几类，内部定时中断与定时器中断有何不同？

4. 定时器中断由哪些定时器产生，分辨率是多少？

5. 首次扫描时给 Q0.0～Q0.7 置初值，用 T32 中断定时控制接在 Q0.0～Q0.7 上的 8 个指示灯循环右移，每秒移一位。

9

箱体输送 PLC 控制系统的装调

知识目标：

1. 理解高速计数器计数方式、工作模式、控制字节、初始值和预设值寄存器以及状态字节等的含义；

2. 掌握高速计数器指令的格式和功能。

技能目标：

根据系统的控制要求，能运用高速计数器指令进行箱体输送 PLC 控制系统的硬件电路和梯形图程序的设计。

【任务描述】

1. 箱体输送系统工作描述

在现代企业生产和商品流通领域，产品出厂都要进行装箱和喷码。图 9-1 是箱体的封装、喷码过程示意图。输送带由电动机拖动，在箱体输送过程中自动完成封箱、喷码等操作。

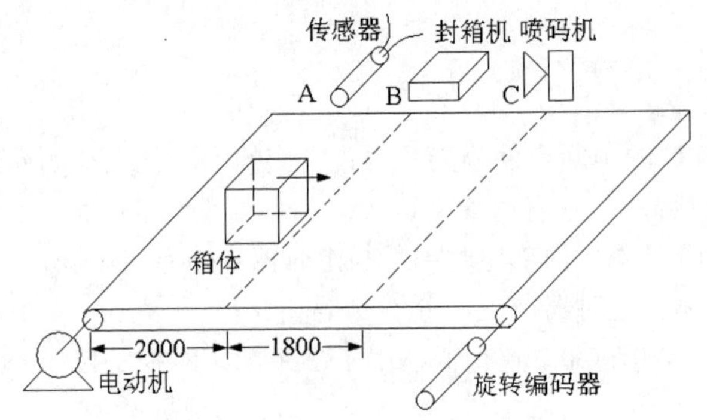

图 9-1　箱体输送过程示意图

2. 控制要求

包装箱用传送带输送，用旋转编码器检测位移。当箱体到达检测传感器 A 时，开始计数，计数到 2000 个脉冲时，箱体刚好到达封箱机下进行封箱，封箱过程中，传送带继续运转、箱体还在前行。假设封箱过程共用 300 个脉冲，然后封箱机停止工作。箱体继续前行，当计数脉冲又累加到 1500 个时，开始喷码，假设喷码机用 5s 时间进行喷码，喷码结束后，整个工作过程结束。

【相关知识】

高速计数器指令

PLC 普通计数器的计数过程与扫描工作方式有关。CPU 通过每一扫描周期读取一次被测信号的方法捕捉被测信号的上升沿。被测信号的频率较高时，会丢失计数脉冲，在 PLC 中，处理比扫描频率高的输入信号的任务是由高速计数器来完成的。高速计数器可以对普通计数器无能为力的事件进行计数，技术频率取决于 CPU 的类型。CPU22X 系列最高计数频率为 30kHz，用于捕捉比 CPU 扫描速度更快的事件，并产生中断，执行中断程序，完成预定的工作。

1. 输入端的连接

S7-200 系列 PLC 中有 6 个高速计数器，分别是 HSC0、HSC1、HSC2、HSC3、HSC4 和 HSC5，用于响应快速的脉冲输入信号，可以设置多达 12 种不同操作模式。用户程序中一旦采用了高速计数器功能，要定好高速计数器的号数和模式，号数与模式相对于 PLC 的输入点都是固定的，见表 9-1。

表 9-1　高速计数器的输入点

高速计数器编号	输入点
HSC0	I0.0, I0.1, I0.2
HSC1	I0.6, I0.7, I1.0, I1.1
HSC2	I1.2, I1.3, I1.4, I1.5
HSC3	I0.1
HSC4	I0.3, I0.4, I0.5
HSC5	I0.4

由表 9-1 可知，高速计数器使用的输入端子是固定的。这些输入端子与普通数字量输入点使用相同的地址。已定义用于高速计数器的输入点不能再用于其他功能。

高速计数器在现代自动控制的精确定位领域有重要的应用价值，高速计数器可连接增量旋转编码器等脉冲产生装置，用于检测位置和速度。旋转编码器一般与被测控电机同轴，每旋转一周可发出一定数量的计数脉冲和一个复位脉冲，作为高速计数器的输入。当高速计数器的当前值等于预置值时产生中断；外部复位信号有效（HSC0 不支持）时产生外部复位中断；计数方向改变（HSC0 不支持）时产生中断。通过中断服务程序实现对目标的控制。

2. 高速计数器的工作模式

S7-200 系列 CPU 高速计数器可以分别定义为如下四种计数方式：

（1）无外部方向输入信号（内部方向控制）的单相加/减计数器（模式 0～2）：可以用高速计数器控制字节的第 3 位来控制是加还是减。该位是 1 为加，是 0 时为减。

（2）有外部方向输入信号的单相加/减计数器（模式 3～5）：方向输入信号是 1 时为加计数，是 0 时为减计数。

（3）有加计数时钟脉冲和减计数时钟脉冲输入的双相计数器（模式 6～8），也就是双相增/减计数器，双脉冲输入。

（4）A/B 相正交计数器（模式 9～11）：它是两路计数脉冲的相位互差 90°，正转时 A 相在前，反转时 B 相在前。利用这一特点可以实现在正转时加计数，反转时减计数。

根据每种高速计数方式的计数脉冲、复位脉冲、启动脉冲端子的不同接法可组成 12 种工作模式，不同的高速计数器有多种功能不同的工作模式。每个高速计数器所拥有的工作模式和其占有的输入端子有关，如表 9-2 所示。

表 9-2 高速计数器的工作模式和输入端子的关系

高速计数器HSC的工作模式	功能及说明		占用的输入端子及功能			
	高速计数器编号	HSC0	I0.0	I0.1	I0.2	×
		HSC4	I0.3	I0.4	I0.5	×
		HSC1	I0.6	I0.7	I1.0	I1.1
		HSC2	I1.2	I1.3	I1.4	I1.5
		HSC3	I0.1	×	×	×
		HSC5	I0.4	×	×	×
0	单路脉冲输入的内部方向控制加减计数：		脉冲输入端	×	×	×
1	控制字 SM37.3=0，减计数；			×	复位端	×
2	控制字 SM37.3=1，加计数			×	复位端	×
3	单路脉冲输入的外部方向控制加减计数：		脉冲输入端	方向控制端	×	×
4	方向控制端=0，减计数；				复位端	×
5	方向控制端=1，加计数				复位端	启动
6	两路脉冲输入的单相加减计数：		加计数脉冲输入端	减计数脉冲输入端	×	×
7	加计数有脉冲输入，加计数；				复位端	×
8	减计数有脉冲输入，减计数				复位端	启动
9	两路脉冲输入的双相正交计数：		A 相脉冲输入端	B 相脉冲输入端	×	×
10	A 相脉冲超前 B 相脉冲，加计数；				复位端	×
11	A 相脉冲滞后 B 相脉冲，减计数				复位端	启动

注：表中“×”表示没有

高速计数器的工作模式通过一次性地执行 HDEF（高速计数器定义）指令来选择。

3. 高速计数器指令

（1）指令格式及功能（见表 9-3）

表 9-3 高速计数器指令

梯形图 LAD	语句表 STL		指令功能
	操作码	操作数	
HDEF EN ENO HSC MODE	HDEF	HSC, MODE	定义高速计数器指令：当使能端 EN 有效时，为高速计数器分配一种工作模式
HSC EN ENO N	HSC	N	高速计数器指令：当使能端 EN 有效时，根据高速计数器特殊存储器的位的状态及 HDEF 指令指定的工作模式，设置高速计数器并控制其工作

说明：

1）高速计数器定义指令 HDEF 中，操作数 HSC 指定高速计数器号（0～5），MODE 指定高速计数器的工作模式（0～11）。每个高速计数器只能用一条 HDEF 指令。

2）高速计数器指令 HSC 中，操作数 N 指定高速计数器号（0～5）。

（2）高速计数器的控制字节

高速计数器的控制字节用于设计计数器的计数允许、计数方向等，各高速计数器的控制字节含义如表 9-4 所示。

表 9-4 高速计数器的控制字节含义

SM37.0	SM47.0	SM57.0	SM137.0	SM147.0	SM157.0	复位信号有效电平： 0=高电平有效；1=低电平有效
SM37.1	SM47.1	SM57.1	SM137.1	SM147.1	SM157.1	启动信号有效电平： 0=高电平有效；1=低电平有效
SM37.2	SM47.2	SM57.2	SM137.2	SM147.2	SM157.2	正交计数器的倍率选择： 0=4 倍率；1=1 倍率
SM37.3	SM47.3	SM57.3	SM137.3	SM147.3	SM157.3	计数方向控制位： 0=减计数；1=加计数
SM37.4	SM47.4	SM57.4	SM137.4	SM147.4	SM157.4	向 HSC 写入计数方向： 0=不更新；1=更新
SM37.5	SM47.5	SM57.5	SM137.5	SM147.5	SM157.5	向 HSC 写入新的预置值： 0=不更新；1=更新

续表

SM37.6	SM47.6	SM57.6	SM137.6	SM147.6	SM157.6	向 HSC 写入新的初始值： 0=不更新；1=更新
SM37.7	SM47.7	SM57.7	SM137.7	SM147.7	SM157.7	启用 HSC： 0=关 HSC；1=开 HSC

（3）高速计数器的当前值及预置值寄存器

每个高速计数器都有一个 32 位当前值和一个 32 位预置值寄存器，当前值和预置值均为带符号的整数值。高速计数器的当前值可以通过高速计数器标识符 HC 加计数器号码（0～5）寻址来读取。要改变高速计数器的当前值和预置值，必须使控制字节（见表 10-4）中的第 5 和第 6 位为 1，在允许更新预置值和当前值的前提下，新的当前值和预置值才能写入当前值及预置值寄存器。当前值和预置值占用的特殊内部寄存器如表 9-5 所示。

表 9-5　高速计数器当前值与预置值寄存器

寄存器名称	HSC0	HSC1	HSC2	HSC3	HSC4	HSC5
当前值寄存器	SMD38	SMD48	SMD58	SMD138	SMD148	SMD158
预置值寄存器	SMD42	SMD52	SMD62	SMD142	SMD152	SMD162

（4）高速计数器的状态字节

高速计数器的状态字节位存储当前的计数方向、当前值是否等于预置值、当前值是否大于预置值。PLC 通过监控高速计数器状态字节，可产生中断事件，用以完成用户希望的重要操作。各高速计数器的状态字节描述如表 9-6 所示。

表 9-6　高速计数器的状态字节

HSC0	HSC1	HSC2	HSC3	HSC4	HSC5	含义
SM36.0	SM46.0	SM56.0	SM136.0	SM146.0	SM156.0	未用
SM36.1	SM46.1	SM56.1	SM136.1	SM146.1	SM156.1	
SM36.2	SM46.2	SM56.2	SM136.2	SM146.2	SM156.2	
SM36.3	SM46.3	SM56.3	SM136.3	SM146.3	SM156.3	
SM36.4	SM46.4	SM56.4	SM136.4	SM146.4	SM156.4	
SM36.5	SM46.5	SM56.5	SM136.5	SM146.5	SM156.5	当前计数方向状态位： 0=减计数；1=加计数
SM36.6	SM46.6	SM56.6	SM136.6	SM146.6	SM156.6	当前值等于预置值状态位： 0=不等；1=相等
SM36.7	SM46.7	SM56.7	SM136.7	SM146.7	SM156.7	当前值大于预置值状态位： 0=小于或等于；1=大于

4. 高速计数器编程

使用高速计数器编程须完成以下工作：

（1）根据选定的计数器工作模式，设置相应的控制字节。

（2）使用 HDEF 命令定义计数器号。

（3）设置计数方向（可选）。

（4）设置初始值（可选）。

（5）设置预设值（可选）。

（6）指定并使用中断服务程序（可选）。

（7）执行 HSC 指令，激活高速计数器。

若在计数器运行中改变设置须执行下列工作：

（1）根据需要来设置控制字节。

（2）设置计数方向（可选）。

（3）设置初始值（可选）。

（4）设置预设值（可选）。

（5）执行 HSC 指令，使 CPU 确认。

5. 应用举例

假设某单向旋转机械上连接了一个 A/B 两相正交脉冲增量旋转编码器，计数脉冲的个数代表旋转轴的位置。编码器旋转一圈产生 10 个 A/B 相脉冲和一个复位脉冲（C 相或 Z 相），需要在第 5 个和第 8 个脉冲所代表的位置之间接通 Q0.0，其余位置断开 Q0.0。

分析：利用 HSC0 的当前值（CV）等于预设值（PV）时产生中断，可以比较容易地实现要求的功能。A 相接入 I0.0，B 相接入 I0.1，复位脉冲（C 相或 Z 相）接入 I0.2，查表 9-6 确定 HSC0 的控制字 SM37 应为 2#10100100=16#A4。

主程序：第一个扫描周期，一次性调用 HSC0 初始化子程序 SBR_0，如图 9-2 所示。

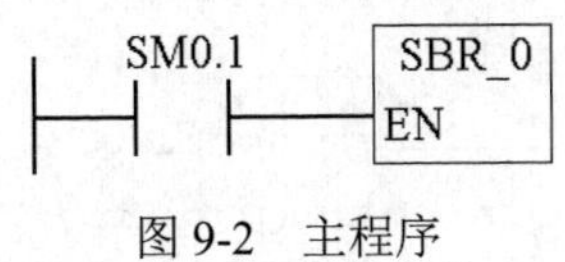

图 9-2　主程序

子程序：初始化 HSC0 为模式 10，设预置值为 5，并连接中断事件 12（CV=PV）到 INT_0，如图 9-3 所示。

中断程序：根据计数器置位 Q0.0，并重设预置值，如图 9-4 所示。

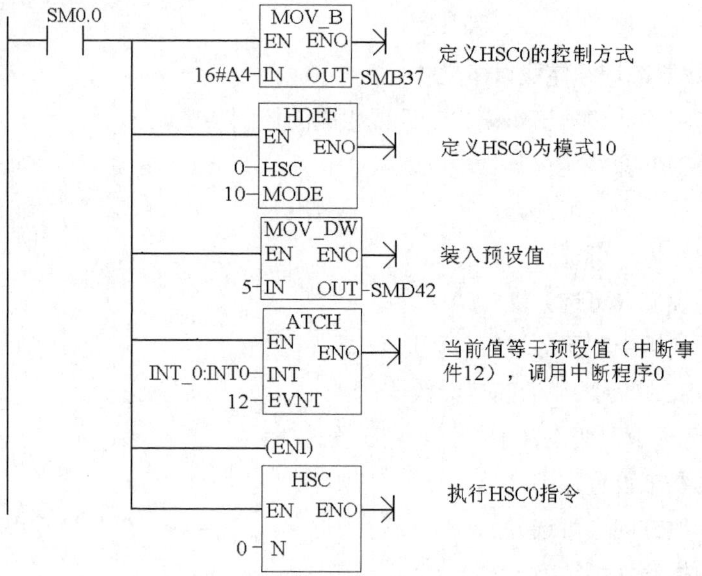

图 9-3　子程序

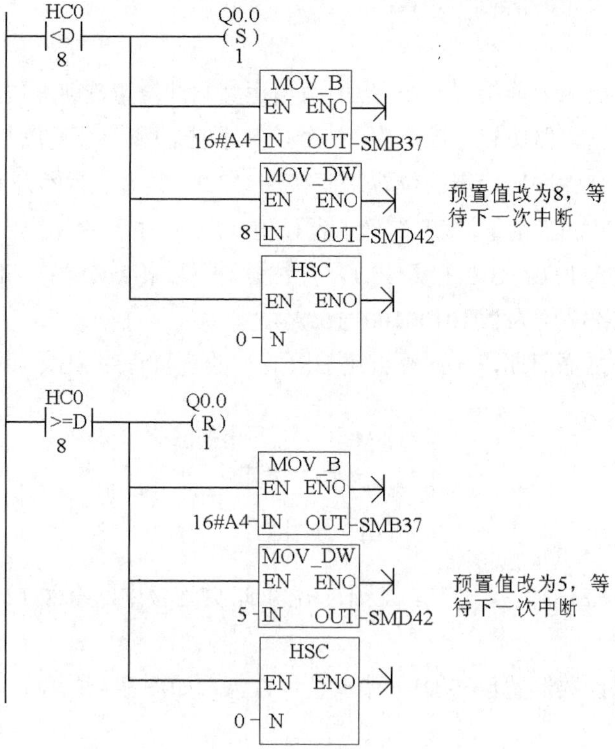

图 9-4　中断程序

【任务分析】

一、输入/输出信号分析

根据系统控制要求，输入信号为旋转编码器 A、B 相脉冲输入，系统的启动、停止按钮，包装箱入口传感器信号，共计 5 个输入点，输出信号为传送带、封箱机和喷码机输出 Q0.0～Q0.2，共计 3 个输出点。

二、PLC 选型

PLC 选型的基本原则是满足控制系统的功能要求，满足系统点数的要求，并且留有一定的备用量，根据程序存储器容量，考虑经济性和实用性，本任务中箱体输送控制系统选用西门子继电器输出结构的 CPU224 小型 PLC。

三、系统硬件设计

箱体输送 PLC 控制系统的硬件设计包括系统 I/O 元件分配表和输入/输出接线图。

1. 元件分配表

输入/输出信号与 PLC 地址编号对照表见表 9-7。

表 9-7　箱体输送 PLC 控制系统 I/O 地址分配表

输入		输出	
旋转编码器 A 相脉冲输入	I0.0	包装箱传送带（KM1）	Q0.0
旋转编码器 B 相脉冲输入	I0.1	封箱机工作（KM2）	Q0.1
控制系统启动按钮 SB1	I0.4	喷码机工作（KM3）	Q0.2
控制系统停止按钮 SB2	I0.5		
包装箱入口传感器	I0.6		

2. 输入/输出接线图

依据 PLC 的 I/O 地址分配表，结合系统的控制要求，箱体输送控制系统电气接线图如图 9-5 所示。

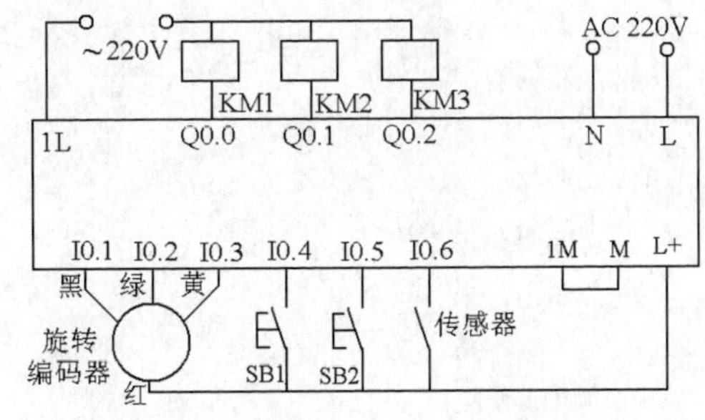

图 9-5　箱体输送控制系统 PLC 接线图

四、系统软件设计

1. 梯形图设计

根据箱体输送系统的控制要求，采用高速计数器指令设计程序，其梯形图如图 9-6 所示。

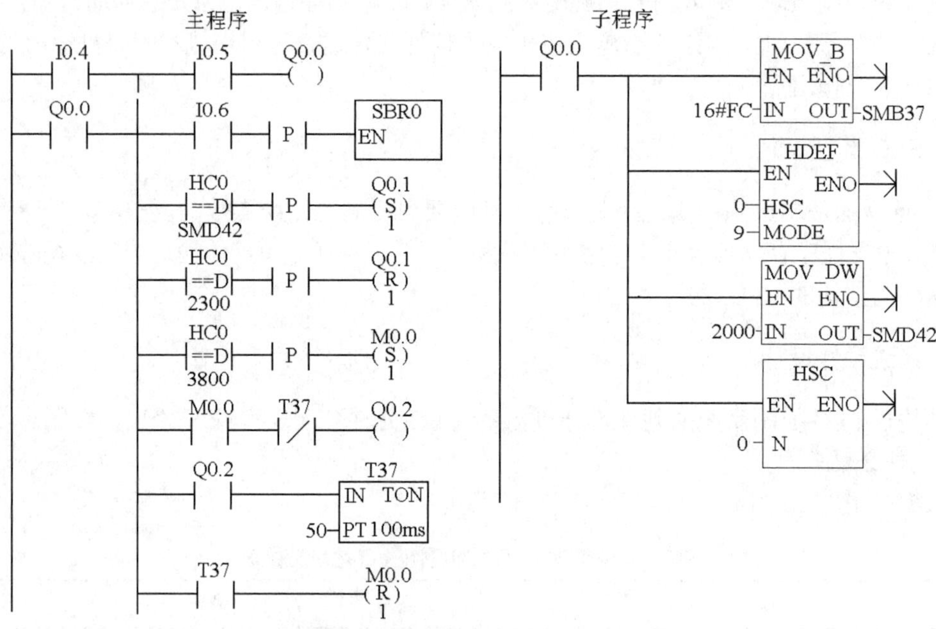

图 9-6　箱体输送系统 PLC 控制梯形图

2. 根据图 9-6 的梯形图编写的指令表程序

主程序

```
LD        I0.4
O         Q0.0
LPS
AN        I0.5
=         Q0.0                    //启动传送带电动机
LRD
A         I0.6
EU
CALL SBR0                         //转入子程序
LRD
AD= HC0, SMD42
EU
S         Q0.1, 1                 // 当计数脉冲个数与设定值相等时，开始封箱
LRD
AD= HC0, 2300
EU
R         Q0.1, 1                 //停止封箱工作
LRD
```

```
AD= HC0, 3800
EU
S       M0.0, 1          //当计数到 3800 个脉冲时，开始喷码工作
LRD
A       M0.0
AN      T37
=       Q0.2             //启动喷码机
A       Q0.2
TON     T37, 50          //喷码时间
LPP
A       T37
R       M0.0, 1          //喷码过程结束
```

子程序

```
LD      Q0.0
MOVB    16#FC, SMB37     //给高数计数器定工作状态
HDEF    0, 9             //决定使用 0 号计数器，用第 9 个模式
MOVD    2000, SMD42      //给高速计数器设定值
HSC     0                //开通 0 号高速计数器
```

【任务实施】

一、器材准备

任务实施所需的器材见表 9-8。

表 9-8 任务实施器件准备

器材名称	数量
PLC 基本单元 CPU224（或更高类型）	1 台
计算机	1 台
PLC 模拟实训装置	1 套
导线	若干
交、直流电源	1 套
电工工具及仪表	1 套

二、实施步骤

1. 输入程序

连接 PLC 主机和计算机，接通 PLC 电源，打开 S7-200 编程软件，建立箱体输送系统 PLC 控制项目，将图 9-6 所示的梯形图输入 PLC。

2. 系统安装接线

根据图 9-5 所示的 PLC 输入/输出接线图接线。系统输出 KM_1、KM_2、KM_3 分别用实训装置上的 3 个指示灯模拟（电源使用 12V）；启动、停止、传感器输入用实训装置上的开关模拟；

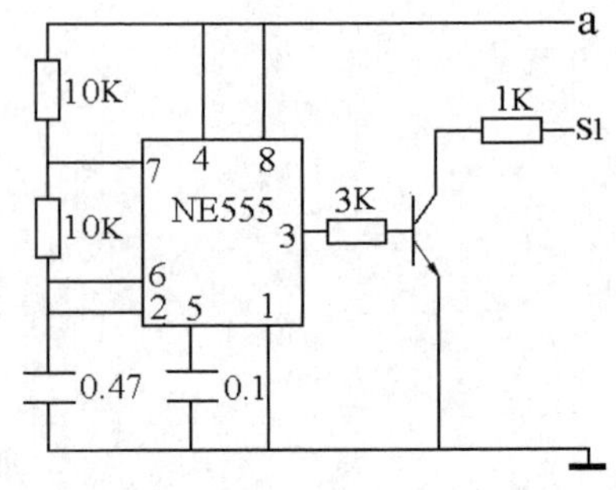

图 9-7　NE555 脉冲产生电路

旋转编码器的脉冲输入由 555 振荡电路输出脉冲模拟。其脉冲电路如图 9-7 所示，当 a 端接入电源后，NE555 开始振荡，脉冲信号经 S1 端可供 PLC 输入端采集。

3．系统模拟调试

首先将 PLC 的运行开关拨到 RUN，接通模拟启动按钮 SB_1 的开关，模拟传送带运行的指示灯亮，表示传送带工作；然后闭合模拟检测传感器的的开关，同时让 NE555 电路工作，PLC 开始计数，当计数到 2000 个脉冲时，模拟封箱动作的指示灯亮，表示封箱动作开始，再计数 300 个脉冲后，模拟封箱动作的指示灯灭，表示封箱动作结束；PLC 再计数 1500 个脉冲，表示喷码的指示灯亮，5s 后喷码指示灯灭，表示喷码结束，同时表示传送带工作的指示灯灭，整个过程结束。

【能力考评】

任务考核点及评价标准见表 9-9。

表 9-9　任务考核点及评价标准

序号	考评内容	考核方式	考核要求	评分标准	配分	扣分	得分
1	硬件接线	教师评价+互评	正确进行 I/O 分配，能正确进行 PLC 外围接线	1．I/O 分配错误，每处扣 2 分 2．PLC 端口使用错误，每处扣 4 分	30		
2	软件编程	教师评价+互评	能根据控制系统的要求和硬件接线，编写出控制梯形图程序和语句表程序	1．梯形图程序错误，每处扣 1 分 2．语句表程序错误，每处扣 1 分	40		
3	系统调试	教师评价+互评	能熟练地将程序下载到 PLC 中，并能快速、正确地调试好程序	1．不能将程序下载到 PLC 中，扣 5 分 2．程序调试不正确，扣 5 分	30		

【知识拓展】高速脉冲输出指令

S7-200 CPU22X 系列 PLC 设有高速脉冲输出，输出频率可达 20kHz。高速脉冲输出有脉冲串输出 PTO（频率可调、占空比 50%）和脉宽调制输出 PWM（周期一定、占空比可调）两种形式。

每个 CPU 有两个 PTO/PWM 发生器一个发生器分配给输出端 Q0.0，另一个分配给输出端 Q0.1，用来驱动诸如步进电机等负载，实现速度和位置的开环控制。当 Q0.0 或 Q0.1 设定为 PTO 或 PWM 功能时，其他操作均失效，不使用 PTO/PWM 发生器时，Q0.0 或 Q0.1 作为普通输出端子使用。通常在启动 PTO 或 PWM 操作之前，用复位指令 R 将 Q0.0 会 Q0.1 清零。

一、脉宽调制输出（PWM）

PWM 功能可输出周期一定、占空比可调的高速脉冲串，周期变化范围为 10～65535μs 或 2～65535ms，脉宽的变化范围为 0～65535μs 或 2～65535ms。

当指定的脉冲宽度大于周期值时，占空比为 100%，输出连续接通；当脉冲宽度为 0 时，占空比为 0%，输出端开。如果指定的周期小于两个时间单位，周期被默认为两个时间单位。可以用以下两种办法改变 PWM 波形的特性。

1．同步更新

如果不要求改变时间基准，即可以进行同步更新。同步更新时，波形的变化发生在两个周期的交界处，可以平滑过渡。

2．异步更新

如果需要改变时间基准，则应使用异步更新。异步更新瞬时关闭 PTO/PWM 发生器，与 PWM 的输出波形不同步，可能引起被控设备的抖动。为此通常不使用异步更新，而是选择一个适用于所有周期时间的时间基准，使用同步 PWM 更新。

PWM 输出更新方式由控制字节中的 SM67.4 或 SM77.4 位指定，执行 PLS 指令使改变生效。如果改变了时间基准，不管 PWM 更新方式位的状态如何，都会产生一个异步更新。

二、脉冲串输出（PTO）

PTO 功能可输出一定脉冲个数和占空比为 50%的方波脉冲。输出脉冲的个数在 1～4294967295 范围内可调；输出脉冲的周期以微秒或毫秒为增量单位，变化范围分别是 10～65535 微秒或 2～65535 毫秒。

如果周期小于两个时间单位，周期被默认为两个时间单位；如果指定的脉冲数为 0，则脉冲数默认为 1。

PTO 功能允许多个脉冲串排队输出，从而形成流水线。流水线分为单段流水线和多段流水线。

单段流水线是指流水线中每次只能存储一个脉冲串的控制参数。初始 PTO 段一旦启动，必须按照对第二个波形的要求立即刷新特殊存储器，并再次执行 LPS 指令。在第一个脉冲串完成后，第二个脉冲串输出立即开始，重复这一步骤可以实现多个脉冲串的输出。单段流水线中的各段脉冲串可以采用不同的时间基准，但有可能造成脉冲串之间的不平稳过渡。输出多段高速脉冲时，编程复杂。

多段流水线是指在变量存储区 V 建立一个包络表（包络表 Profile 是一个预先定义的横坐标为位置、纵坐标为速度的曲线，是描述运动图形的）。包络表存放每个脉冲串的参数。执行 PLS 指令时，S7-200 系列 PLC 自动按包络表中的顺序及参数进行脉冲串输出。包络表中每段脉冲串的参数占用 8 个字节，由一个 16 位周期值（2 字节）、一个 16 位周期增量值 Δ（2 字节）和一个 32 位脉冲计数值（4 字节）组成。包络表的格式如表 9-10 所示。

表 9-10　包络表的格式

从包络表起始地址的字节偏移	段	说明
VBn		总段数（1～255）；数值 0 产生非致命错误，无 PTO 输出
VBn+1	段 1	初始周期（2～65535 个时基单位）
VBn+3		每个脉冲周期增量 Δ（符号整数：-32768～32768 个时基单位）
VBn+5		脉冲数（1～4294967295）
VBn+9	段 2	初始周期（2～65535 个时基单位）
VBn+11		每个脉冲周期增量 Δ（符号整数：-32768～32768 个时基单位）
VBn+13		脉冲数（1～4294967295）
VBn+17	段 3	初始周期（2～65535 个时基单位）
VBn+19		每个脉冲周期增量 Δ（符号整数：-32768～32768 个时基单位）
VBn+21		脉冲数（1～4294967295）

注：周期增量 Δ 为整数微秒或毫秒

多段流水线的特点是编程简单，能够通过指定脉冲的数量自动增加或减少周期。周期增量值 Δ 为正值会增加周期；周期增量值 Δ 为负值会减少周期；若 Δ 为零，则周期不变。在包络表中的所有脉冲串必须采用同一时基。在多段流水线执行时，包络表的各段参数不能改变。多段流水线常用于步进电机控制。

使用 STEP 7-Micro/WIN 中的位控向导可以方便地设置 PTO/PWM 输出功能，使 PTO/PWM 的编程自动实现，大大减轻了用户编程的负担。

三、PTO/PWM 寄存器

Q0.0 和 Q0.1 输出端子的高速输出功能通过对 PTO/PWM 寄存器的不同设置实现。PTO/PWM 寄存器由 SM66～SM85 特殊存储器组成。其作用是监视和控制脉冲输出（PTO）和脉宽调制（PWM）功能。各寄存器和位值的意义如表 9-11 所示。

表 9-11　PTO/PWM 寄存器和位值的意义

寄存器名称	Q0.0	Q0.1	说明
脉冲串输出状态寄存器	SM66.4	SM76.4	PTO 包络由于增量计算错误异常终止：0=无错误；1=异常终止
	SM66.5	SM76.5	PTO 包络由于用户命令异常终止：0=无错误；1=异常终止
	SM66.6	SM76.6	PTO 流水线溢出：0=无溢出；1=溢出
	SM66.7	SM76.7	PTO 空闲：0=运行中；1=PTO 空闲
PTO/PWM 输出控制寄存器	SM67.0	SM77.0	PTO/PWM 刷新周期值：0=不刷新；1=刷新
	SM67.1	SM77.1	PWM 刷新脉冲宽度值：0=不刷新；1=刷新
	SM67.2	SM77.2	PTO 刷新脉计数值：0=不刷新；1=刷新
	SM67.3	SM77.3	PTO/PWM 时基选择：0=1μs；1=ms

续表

寄存器名称	Q0.0	Q0.1	说明
PTO/PWM 输出控制寄存器	SM67.4	SM77.4	PWM 更新方法：0=异步更新；1=同步更新
	SM67.5	SM77.5	PTO 操作：0=单段操作；1=多段操作
	SM67.6	SM77.6	PTO/PWM 模式选择：0=选择 PTO；1=选择 PWM
	SM67.7	SM77.7	PTO/PWM 允许：0=禁止；1=允许
周期值设定寄存器	SWM68	SWM78	PTO/PWM 周期时间值（范围：2～65535）
脉宽值设定寄存器	SWM70	SWM80	PWM 脉冲宽度值（范围：0～65535）
脉冲计数值设定寄存器	SWD72	SWD82	PTO 脉冲计数值（范围：1～4294967295）
多段 PTO 操作寄存器	SMB166	SMB176	段号、多段流水 PTO 运行中的段的编号（仅用于多段 PTO 操作）
	SWM168	SWM178	包络表起始位置用距离 V0 的字节偏移量表示（仅用于多段 PTO 操作）

四、高速脉冲输出指令

高速脉冲输出指令格式及功能如表 9-12 所示。

表 9-12　高速脉冲输出指令格式及功能

梯形图 LAD	语句表 STL	功能
PLS EN　ENO Q0.X	PLS　X	当使能端 EN 有效时，PLC 检测程序设置的特殊功能寄存器，激活由控制位定义的脉冲操作，从 Q0.X 输出高速脉冲

说明：

（1）高速脉冲串输出 PTO 和脉宽调制输出 PWM 都由 PLS 指令激活。

（2）操作数 X 指定脉冲输出端子，0 为 Q0.0 输出，1 为 Q0.1 输出。

（3）高速脉冲串输出 PTO 可采用中断方式进行控制，而脉宽调制输出 PWM 只能由指令 PLS 激活。

五、应用实例

例：脉宽调制输出 PWM

假定 PLC 运行后，通过 Q0.1 连续输出周期为 10000ms、脉冲宽度为 5000ms 的脉宽调制输出波形，并利用 I0.1 上升沿中断实现脉宽的更新（每中断一次，脉冲宽度增加 10ms）。

分析：通过调用子程序设置 PWM 操作，通过中断程序改变脉宽。对应的梯形图主程序如图 9-8 所示，子程序 0 如图 9-9 所示，中断程序 0 如图 9-10 所示。

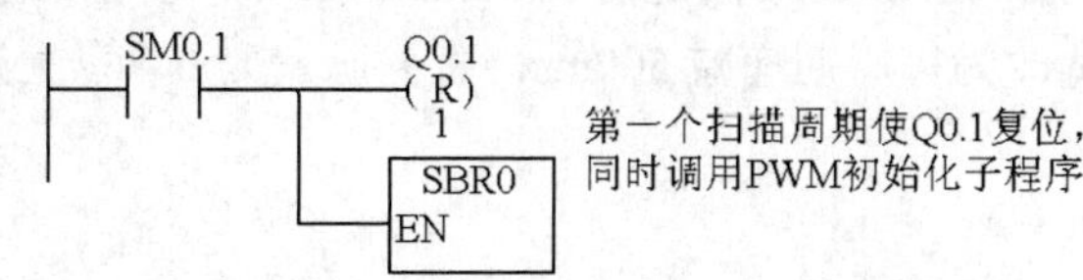

图 9-8　PWM 脉冲串输出主程序

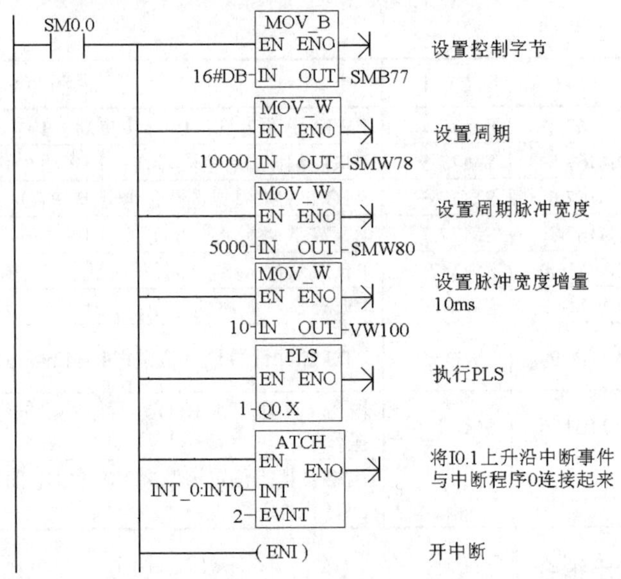

图 9-9　PWM 输出初始化子程序

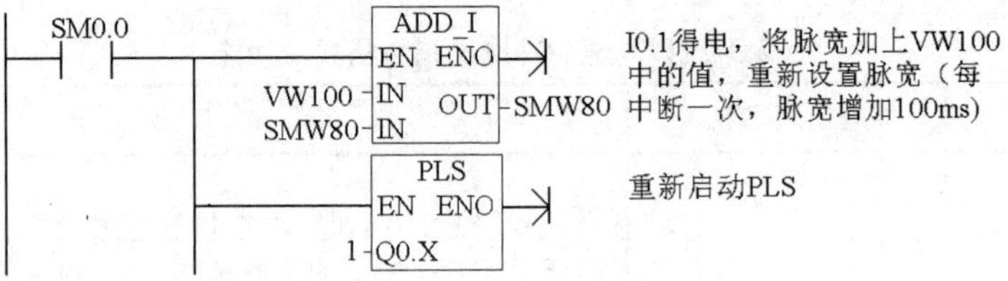

图 9-10　PWM 输出中断程序

思考与练习

1．高速计数器有哪几种计数方式？

2．使用高速计数器编程应完成哪些工作？

3．高速脉冲输出有哪两种形式？

4．编写实现脉宽调制 PWM 的程序，要求从 PLC 的 Q0.1 输出高速脉冲，脉宽的初始值为 500ms，周期固定为 5000ms，其脉宽每周期递增 500ms，当脉宽达到设定的 4500ms 时，脉宽改为每周期递减 500ms，直到脉宽为 0，以上过程重复执行。

附录 A

STEP 7-Micro/WIN 编程软件介绍

一、STEP 7-Micro/WIN 32 软件安装

S7-200 系列 PLC 使用 STEP 7-Micro/WIN 编程软件进行编程。STEP 7-Micro/WIN 编程软件是基于 Windows 的应用软件，功能强大，主要用于开发程序，也可用于实时监控用户程序的执行状态。该软件的 4.0 以上版本，有包括中文在内的多种语言使用界面可选。

1. 系统要求

操作系统：Windows 95、Windows 98、Windows Me 或 Windows 2000。硬件配置：IBM 486 以上兼容机，内存 8MB 以上，VGA 显示器，至少 50MB 以上硬盘空间。

2. 硬件连接

典型的单主机连接如图 A-1 所示。即一台 PLC 用 PC/PPI 电缆与个人计算机连接，不需要外加其他硬件设备。PC/PPI 电缆是一条支持个人计算机的、按照 PPI 通讯协议设置的专用电缆线。电缆线中间有通讯模块，模块外部设有波特率设置开关，两端分别为 RS232 和 RS485 接口。PC/PPI 电缆的 RS232 端连接到个人计算机的 RS232 通讯接口 COM1 或 COM2 上，PC/PPI 另一端（RS485 端）接到 S7-200CPU 通信口上。

有五种支持 PPI 协议的波特率可以选择，系统默认值为 9600 波特。PC/PPI 电缆波特率选择开关 PPI 的位置应与软件系统设置的通讯波特率相一致。

3. 软件安装

（1）将存储软件的光盘放入光驱。

（2）双击光盘中的安装程序 SETUP.EXE，选择 English，进入安装向导。

（3）按照安装向导完成软件的安装，然后打开此软件，选择菜单“Tools”→“Options”→“General”→“Chinese”，完成汉化补丁的安装。

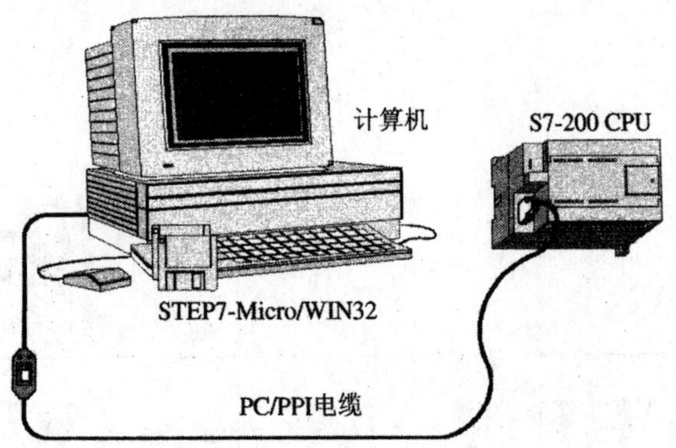

图 A-1 S7-200 PLC 的主机与计算机的连接

4. 建立通信联系

连接好硬件并且安装完软件之后，可以按下面的步骤进行在线连接。

（1）在 STEP 7-Micro/WIN 32 运行时，单击浏览条中通信图标，或从菜单“检视（View）”中选择元件→“通信（Communications）”，则会出现一个通信对话框，如图 A-2 所示。

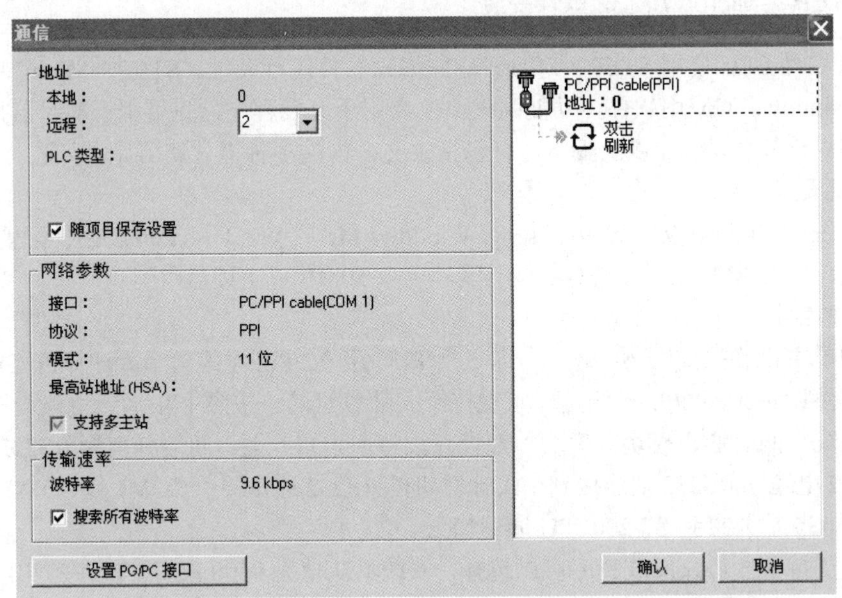

图 A-2 通信对话框

（2）双击对话框中的刷新图标，STEP 7-Micro/WIN 32 编程软件将检查所连接的所有 S7-200CPU 站，如图 A-3 所示。

（3）双击要进行通信的站，在通信建立对话框中，可以显示所选的通信参数，也可以重新设置。

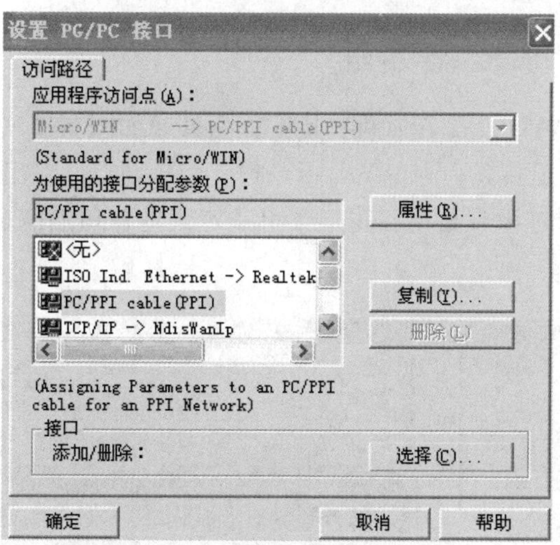

图 A-3 S7-200CPU 连接站对话框

5. 通信参数设置

（1）单击浏览条中的系统块图标，或从菜单“检视（View）”中选择元件→“系统块（System Block）”选项，出现“系统块”对话框，如图 A-4 所示。

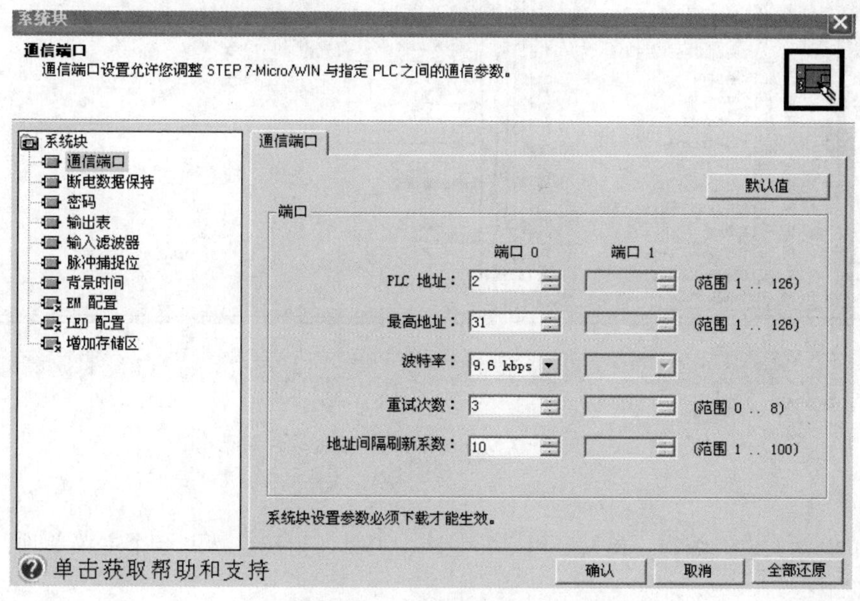

图 A-4 “系统块”对话框

（2）单击“通信端口”选项卡，检查各参数，确认无误后单击确定。若需要修改某些参数，可以先进行有关的修改，再单击“确认”。

（3）单击工具条的下载按钮，将修改后的参数下载到可编程控制器。

二、STEP 7-Micro/WIN 32 软件介绍

启动 STEP 7-Micro/WIN 32 编程软件，其主界面外观如图 A-5 所示。主界面一般可以分为以下几个部分：主菜单、工具条、浏览条、指令树、用户窗口、输出窗口和状态条。除菜单条外，用户可以根据需要通过检视菜单和窗口菜单决定其他窗口的取舍和样式的设置。

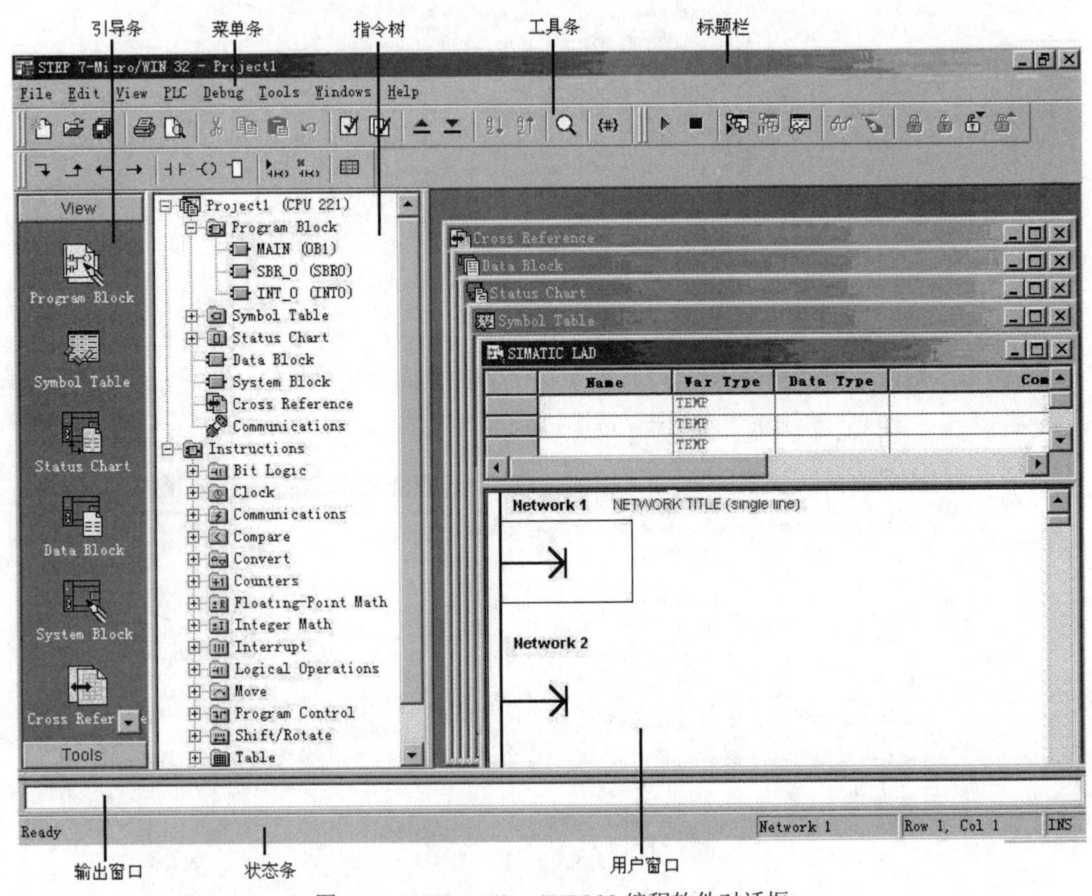

图 A-5 STEP 7-Micro/WIN 32 编程软件对话框

1. 主菜单

主菜单包括文件、编辑、检视、PLC、调试、工具、窗口、帮助 8 个主菜单项。各主菜单项的功能如下：

（1）文件（File）

文件的操作有：新建（New）、打开（Open）、关闭（Close）、保存（Save）、另存（Save As）、导入（Import）、导出（Export）、上载（Upload）、下载（Download）、页面设置（Page Setup）、打印（Print）、预览、最近使用文件、退出。

导入：若从 STEP 7-Micro/WIN 32 编辑器之外导入程序，可使用“导入”命令导入 ASCII 文本文件。

导出：使用“导出”命令创建程序的 ASCII 文本文件，并导出至 STEP 7-Micro/WIN 32 外部的编辑器，

上载：在运行 STEP 7-Micro/WIN 32 的个人计算机和 PLC 之间建立通讯后，从 PLC 将程序上载至运行 STEP 7-Micro/WIN 32 的个人计算机。

下载：在运行 STEP 7-Micro/WIN 32 的个人计算机和 PLC 之间建立通讯后，将程序下载至该 PLC。下载之前， PLC 应位于“停止”模式。

（2）编辑（Edit）

编辑菜单提供程序的编辑工具：撤消（Undo）、剪切（Cut）、复制（Copy）、粘贴（Paste）、全选（Select All）、插入（Insert）、删除（Delete）、查找（Find）、替换（Replace）、转至（Go To）等项目。

剪切/复制/粘贴：可以在 STEP 7-Micro/WIN 32 项目中剪切文本或数据栏，指令，单个网络，多个相邻的网络，POU 中的所有网络，状态图行、列或整个状态图，符号表行、列或整个符号表，数据块。不能同时选择多个不相邻的网络。不能从一个局部变量表成块剪切数据并粘贴至另一局部变量表中，因为每个表的只读 L 内存赋值必须唯一。

插入：在 LAD 编辑器中，可在光标上方插入行（在程序或局部变量表中），在光标下方插入行（在局部变量表中），在光标左侧插入列（在程序中），插入垂直接头（在程序中），在光标上方插入网络，并为所有网络重新编号，在程序中插入新的中断程序，在程序中插入新的子程序。

查找/替换/转至：可以在程序编辑器窗口、局部变量表、符号表、状态图、交叉引用标签和数据块中使用“查找”“替换”和“转至”。

“查找”功能：查找指定的字符串，例如操作数、网络标题或指令助记符（“查找”不搜索网络注释，只能搜索网络标题。“查找”不搜索 LAD 和 FBD 中的网络符号信息表）。

“替换”功能：替换指定的字符串（“替换”对语句表指令不起作用）。

“转至”功能：通过指定网络数目的方式将光标快速移至另一个位置。

（3）检视（View）

通过检视菜单可以选择不同的程序编辑器：LAD，STL，FBD。通过检视菜单可以进行数据块（Data Block）、符号表（Symbol Table）、状态图表（Chart Status）、系统块（System Block）、交叉引用（Cross Reference）、通信（Communications）参数的设置。 通过检视菜单可以选择注解、网络注解（POU Comments）显示与否等。通过检视菜单的工具栏区可以选择浏览栏（Navigation Bar）、指令树（Instruction Tree）及输出视窗（Output Window）的显示与否。通过检视菜单可以对程序块的属性进行设置。

（4）PLC

PLC 菜单用于与 PLC 联机时的操作。如用软件改变 PLC 的运行方式（运行、停止），对

用户程序进行编译，清除PLC程序、电源启动重置、查看PLC的信息、时钟、存储卡的操作、程序比较、PLC类型选择等操作。其中对用户程序进行编译可以离线进行。

联机方式（在线方式）：有编程软件的计算机与PLC连接，两者之间可以直接通信。

离线方式：有编程软件的计算机与PLC断开连接。此时可进行编程、编译。

联机方式和离线方式的主要区别是：联机方式可直接针对连接PLC进行操作，如上装、下载用户程序等。离线方式不直接与PLC联系，所有的程序和参数都暂时存放在磁盘上，等联机后再下载到PLC中。

PLC有两种操作模式：STOP（停止）和RUN（运行）模式。在STOP（停止）模式中可以建立/编辑程序，在RUN（运行）模式中建立、编辑、监控程序操作和数据，进行动态调试。

若使用 STEP 7-Micro/WIN 32 软件控制 RUN/STOP（运行/停止）模式，在 STEP 7-Micro/WIN 32 和PLC之间必须建立通信。另外，PLC硬件模式开关必须设为TERM（终端）或RUN（运行）。

编译（Compile）：用来检查用户程序语法错误。用户程序编辑完成后通过编译在显示器下方的输出窗口显示编译结果，明确指出错误的网络段，可以根据错误提示对程序进行修改，然后再编译，直至无错误。

全部编译（Compile All）：编译全部项目元件（程序块、数据块和系统块）。

信息（Information）：可以查看PLC信息，例如PLC型号和版本号码、操作模式、扫描速率、I/O模块配置以及CPU和I/O模块错误等。

电源启动重置（Power-Up Reset）：从PLC清除严重错误并返回RUN（运行）模式。如果操作PLC存在严重错误， SF（系统错误）指示灯亮，程序停止执行。必须将PLC模式重设为STOP（停止），然后再设置为RUN（运行），才能清除错误，或使用“PLC”→“电源启动重置”。

（5）调试（Debug）

调试菜单用于联机时的动态调试，有单次扫描（First Scan）、多次扫描（Multiple Scans）、程序状态（Program Status）、触发暂停（Triggred Pause）、用程序状态模拟运行条件（读取、强制、取消强制和全部取消强制）等功能。

调试时可以指定PLC对程序执行有限次数扫描（从1次扫描到65535次扫描）。通过选择PLC运行的扫描次数，可以在程序改变过程变量时对其进行监控。第一次扫描时，SM0.1数值为1（打开）。

单次扫描：可编程控制器从STOP方式进入RUN方式，执行一次扫描后，回到STOP方式，可以观察到首次扫描后的状态。

PLC必须位于STOP（停止）模式，通过菜单“调试”→“单次扫描”操作。

多次扫描：调试时可以指定PLC对程序执行有限次数扫描（从1次扫描到65535次扫描）。通过选择PLC运行的扫描次数，可以在程序过程变量改变时对其进行监控。PLC必须位于

STOP（停止）模式时，通过菜单“调试”→“多次扫描”设置扫描次数。

（6）工具

工具菜单提供复杂指令向导（PID、HSC、NETR/NETW 指令），使复杂指令编程时的工作简化。

工具菜单提供文本显示器 TD200 设置向导。

工具菜单的定制子菜单可以更改 STEP 7-Micro/WIN 32 工具条的外观或内容，以及在“工具”菜单中增加常用工具。

工具菜单的选项子菜单可以设置 3 种编辑器的风格，如字体、指令盒的大小等样式。

（7）窗口

窗口菜单可以设置窗口的排放形式，如层叠、水平、垂直。

（8）帮助

帮助菜单可以提供 S7-200 的指令系统及编程软件的所有信息，并提供在线帮助、网上查询、访问等功能。

2. 工具条

STEP 7-Micro/WIN 32 提供了两行快捷按钮工具条，共有四种，可以通过“检视”→“工具条”重设。

（1）标准工具条，从左至右包括新建、打开、保存、打印、预览、粘贴、拷贝、撤销、编译、全部编译、上载、下载等按钮。

（2）调试工具条，从左至右包括 PLC 运行模式、PLC 停止模式、程序状态打开/关闭状态、图状态打开/关闭状态、状态图表单次读取、状态图表全部写入等按钮。

（3）公用工具条，从左至右依次为插入网络、删除网络、切换 POU 注解、切换网络注解、切换符号信息表、切换书签、下一个书签、上一个书签、清除全部书签、建立表格未定义符号、常量说明符。

插入网络：单击该按钮，在 LAD 或 FBD 程序中插入一个空网络。

删除网络：单击该按钮，删除 LAD 或 FBD 程序中的整个网络。

POU 注解：单击该按钮在 POU 注解打开（可视）或关闭（隐藏）之间切换。每个 POU 注解可允许使用的最大字符数为 4096。可视时，始终位于 POU 顶端，在第一个网络之前显示。

网络注解：单击该按钮，在光标所在的网络标号下方出现灰色方框中，输入网络注解。再单击该按钮，网络注解关闭。

检视/隐藏每个网络的符号信息表：单击该按钮，用所有的新、旧和修改符号名更新项目，而且在符号信息表打开和关闭之间切换。

切换书签：设置或移除书签，单击该按钮，在当前光标指定的程序网络设置或移除书签。在程序中设置书签，书签便于在较长程序中指定的网络之间来回移动。

下一个书签：将程序滚动至下一个书签，单击该按钮，向下移至程序的下一个带书签的网络。

前一个书签：将程序滚动至前一个书签，单击该按钮，向上移至程序的前一个带书签的网络。

清除全部书签：单击该按钮，移除程序中的所有当前书签。

在项目中应用所有的符号：单击该按钮，用所有新、旧和修改的符号名更新项目，并在符号信息表打开和关闭之间切换。

建立表格未定义符号：单击该按钮，从程序编辑器将不带指定地址的符号名传输至指定地址的新符号表标记。

常量说明符：在 SIMATIC 类型说明符打开/关闭之间切换，单击“常量描述符”按钮，使常量描述符可视或隐藏。对许多指令参数可直接输入常量。仅被指定为 100 的常量具有不确定的大小，因为常量 100 可以表示为字节、字或双字大小。当输入常量参数时，程序编辑器根据每条指令的要求指定或更改常量描述符。

（4）LAD 指令工具条从左至右依次为插入向下直线、插入向上直线、插入左行、插入右行、插入触点、插入线圈、插入指令盒。

3. 浏览条

浏览条为编程提供按钮控制，可以实现窗口的快速切换，即对编程工具执行直接按钮存取，包括程序块（Program Block）、符号表（Symbol Table）、状态图表（Status Chart）、数据块（Data Block）、系统块（System Block）、交叉引用（Cross Reference）和通信（Communication）。单击上述任意按钮，则主窗口切换成此按钮对应的窗口。

用菜单命令“检视”→“帧”→“浏览条”，浏览条可在打开（可见）和关闭（隐藏）之间切换。

用菜单命令“工具”→“选项”，选择“浏览条”标签，可在浏览条中编辑字体。

浏览条中的所有操作都可用“指令树（Instuction Tree）”视窗完成，或通过“检视（View）”→“元件”菜单来完成。

4. 指令树

指令树以树型结构提供编程时用到的所有快捷操作命令和 PLC 指令。可分为项目分支和指令分支。

项目分支用于组织程序项目：

用鼠标右键单击“程序块”文件夹，插入新子程序和中断程序。

打开“程序块”文件夹，并用鼠标右键单击 POU 图标，可以打开 POU、编辑 POU 属性、用密码保护 POU 或为子程序和中断程序重新命名。

用鼠标右键单击“状态图”或“符号表”文件夹，插入新图或表。

打开“状态图”或“符号表”文件夹，在指令树中用鼠标右键单击图或表图标，或双击适当的 POU 标记，执行打开、重新命名或删除操作。

指令分支用于输入程序，打开指令文件夹并选择指令：

拖放或双击指令，可在程序中插入指令。

用鼠标右键单击指令，并从弹出菜单中选择“帮助”，获得有关该指令的信息。

常用指令可拖放至“偏好项目”文件夹。

若项目指定了 PLC 类型，指令树中红色标记 x 是表示对该 PLC 无效的指令。

指令树以树型结构提供编程时用到的所有项目对象和 PLC 所有指令。

5. 用户窗口

可同时或分别打开 6 个用户窗口，分别为交叉引用、数据块、状态图表、符号表、程序编辑器、局部变量表。

（1）交叉引用（Cross Reference）

在程序编译成功后，可用下面的方法之一打开“交叉引用”窗口：

用菜单“检视”→“交叉引用（Cross Reference）”；单击浏览条中的“交叉引用”按钮。

“交叉引用”表列出在程序中使用的各操作数所在的 POU、网络或行位置，以及每次使用各操作数的语句表指令。通过交叉引用表还可以查看哪些内存区域已经被使用，作为位还是作为字节使用。在运行方式下编辑程序时，可以查看程序当前正在使用的跳变信号的地址。交叉引用表不下载到可编程控制器，在程序编译成功后，才能打开交叉引用表。在交叉引用表中双击某操作数，可以显示出包含该操作数的那一部分程序。

（2）数据块

“数据块”窗口可以设置和修改变量存储器的初始值和常数值，并加注必要的注释说明。

用下面的方法之一打开“数据块”窗口：

单击浏览条上的“数据块”按钮；用菜单命令“检视”→“元件”→“数据块”按钮；单击指令树中的“数据块”图标。

（3）状态图表（Status Chart）

将程序下载至 PLC 之后，可以建立一个或多个状态图表，在联机调试时，打开状态图表，监视各变量的值和状态。状态图表并不下载到可编程控制器，只是监视用户程序运行的一种工具。

用下面的方法之一可打开状态图表：

单击浏览条上的“状态图表”按钮；用菜单命令“检视”→“元件”→“状态图”按钮。

打开指令树中的“状态图”文件夹，然后双击“图”图标。

可在状态图表的地址列输入须监视的程序变量地址，在 PLC 运行时，打开状态图表窗口，在程序扫描执行时，连续、自动地更新状态图表的数值。

（4）符号表（Symbol Table）

符号表是程序员用符号编址的一种工具表。在编程时不采用元件的直接地址作为操作数，而用有实际含义的自定义符号名作为编程元件的操作数，这样可使程序更容易理解。符号表则建立了自定义符号名与直接地址编号之间的关系。程序被编译后下载到可编程控制器时，所有的符号地址被转换成绝对地址，符号表中的信息不下载到可编程控制器。

用下面的方法之一可打开符号表：

单击浏览条中的“符号表”按钮；用菜单命令“检视”→“符号表”；打开指令树中的符号表或全局变量文件夹，然后双击一个表格图标。

（5）程序编辑器

用菜单命令“文件”→“新建”，“文件”→“打开”或“文件”→“导入”，打开一个项目。然后用下面方法之一打开“程序编辑器”窗口，建立或修改程序。

单击浏览条中的“程序块”按钮，打开主程序（OB1），可以单击子程序或中断程序标签，打开另一个POU。

“指令树”→“程序块”→双击主程序（OB1）图标、子程序图标或中断程序图标。

用下面方法之一可改变程序编辑器选项：

用菜单命令“检视”→LAD、FBD、STL，更改编辑器类型。

用菜单命令“工具”→“选项”→“一般”标签，可更改编辑器（LAD、FBD或STL）和编程模式（SIMATIC或IEC 1131-3）。

用菜单命令“工具”→“选项”→“程序编辑器”标签，设置编辑器选项。

使用选项快捷按钮→设置“程序编辑器”选项。

（6）局部变量表

程序中的每个POU都有自己的局部变量表，局部变量存储器（L）有64个字节。局部变量表用来定义局部变量，局部变量只在建立该局部变量的POU中才有效。在带参数的子程序调用中，参数的传递就是通过局部变量表传递的。

在用户窗口将水平分裂条下拉即可显示局部变量表，将水平分裂条拉至程序编辑器窗口的顶部，局部变量表不再显示，但仍旧存在。

6. 输出窗口

输出窗口：用来显示STEP 7-Micro/WIN 32程序编译的结果，如编译结果有无错误、错误编码和位置等。

用菜单命令“检视”→“帧”→“输出窗口”在窗口打开或关闭输出窗口。

7. 状态条

提供有关在STEP 7-Micro/WIN 32中操作的信息。

三、程序编辑、调试及运行

1. 建立项目文件

（1）创建新项目文件

方法：①用菜单命令“文件”→“新建”按钮；②用工具条中的“新建”按钮来完成。

（2）打开已有的项目文件

方法：①用菜单命令“文件”→“打开”按钮；②用工具条中的“打开”按钮来完成。

（3）确定PLC类型

用菜单命令“PLC”→“类型”，调出“PLC类型”对话框，单击“读取PLC”按钮，由

STEP 7-Micro/WIN 32 自动读取正确的数值。单击“确定”，确认 PLC 类型。

2. 编辑程序文件

（1）选择指令集和编辑器

S7-200 系列 PLC 支持的指令集有 SIMATIC 和 IEC1131-3 两种，本书采用 SIMATIC 编程模式，方法如下：用菜单命令“工具” →“选项”→“一般”标签→“编程模式选 SIMATIC”→ “确定”。

采用 SIMATIC 指令编写的程序可以使用 LAD（梯形图）、STL（语句表）、FBD（功能块图）三种编辑器，常用 LAD 或 STL 编程，选择编辑器方法：用菜单命令“检视” →“LAD”或“STL”。

（2）梯形图中输入指令

1）编程元件的输入

编程元件包括线圈、触点、指令盒和导线等，梯形图每一个网络必须从触点开始，以线圈或没有 ENO 输出的指令盒结束。编程元件可以通过指令树、工具按钮、快捷键等方法输入。

当编程元件图形出现在指定位置后，再单击编程元件符号的“??.?”，输入操作数，按回车键确定。红色字样显示语法出错，当把不合法的地址或符号改为合法值时，红色消失。若数值下面出现红色的波浪线，表示输入的操作数超出范围或与指令的类型不匹配。

2）上下行线的操作

将光标移到要合并的触点处，单击“上行线”或“下行线”按钮。

3）程序的编辑

用光标选中需要进行编辑的单元，单击右键，弹出快捷菜单，可以进行剪切、复制、粘贴、删除，也可插入或删除行、列、垂直线或水平线。

4）编写符号表

单击浏览条中的“符号表”按钮；在符号列键入符号名，在地址列键入地址，在注释列键入注解即可建立符号表，如图 A-6 所示。

符号表建立后，使用菜单命令“检视”→“符号编址”，直接地址将转换成符号表中对应的符号名；也可通过菜单命令“工具”→“选项”→“程序编辑器”→“符号编址”选项，来选择操作数显示的形式，如选择“显示符号和地址”。

5）局部变量表

可以拖动分割条，展开局部变量表并覆盖程序视图，此时可设置局部变量表。在符号栏写入局部变量名称，在数据类型栏中选择变量类型后，系统自动分配局部变量的存储位置。局部变量有四种定义类型：IN（输入），OUT（输出），IN_OUT（输入输出），TEMP（临时）。

6）程序注释

LAD 编辑器中提供了程序注释（POU）、网络标题、网络注释三种功能的解释，方便用户更好的读取程序，方法是单击绿色注释行输入文字即可，其中程序注释和网络注释可以通过工具栏按钮或“检视”菜单进行隐藏或显示。

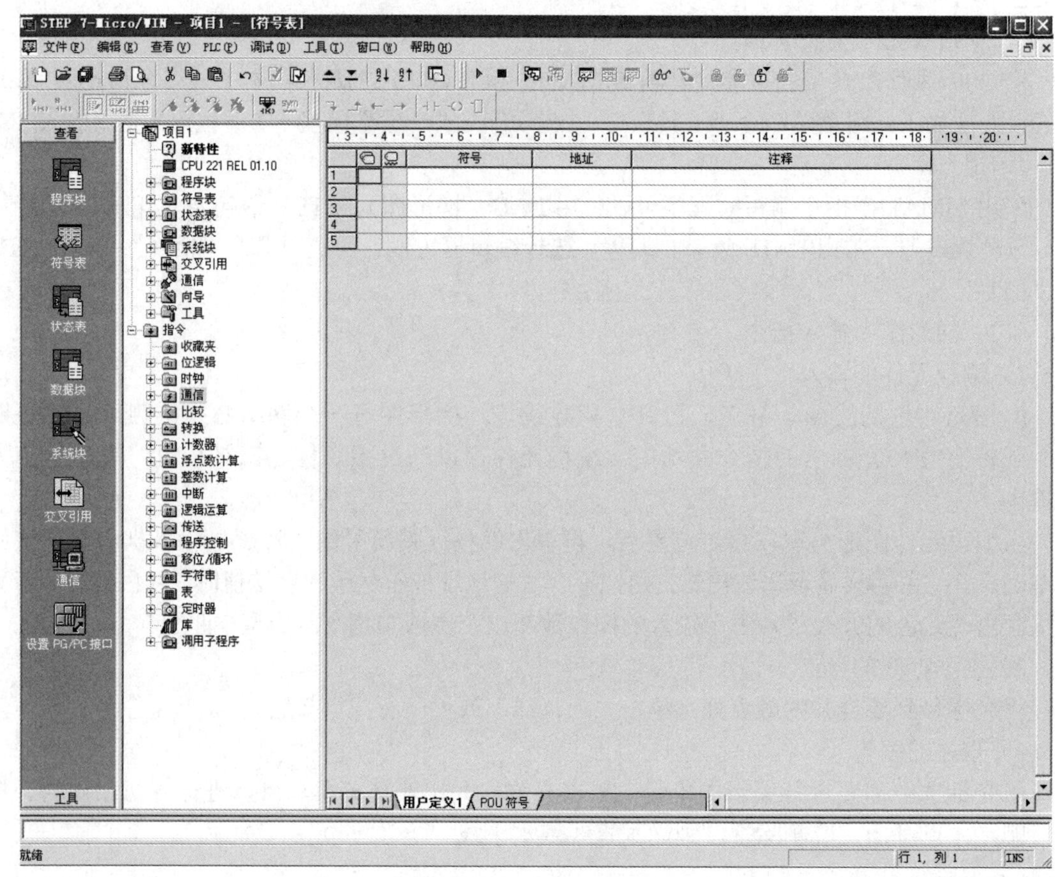

图 A-6 符号表窗口

3. 程序的编译及下载

（1）编译

用户程序编辑完成后，需要进行编译，编译的方法如下：

1）单击“编译”按钮或选择菜单命令“PLC”→“编译”，编译当前被激活的窗口中的程序块或数据块。

2）单击“全部编译”按钮或选择菜单命令“PLC”→“全部编译”，编译全部项目元件（程序块、数据块和系统块）。

（2）下载

程序经过编译后，方可下载到 PLC。下载前先作好与 PLC 之间的通信联系和通信参数设置，还有下载之前，PLC 必须在“停止”的工作方式。如果 PLC 没有在“停止”方式，单击工具条中的“停止”按钮，将 PLC 置于“停止”方式。

单击工具条中的“下载”按钮，或用菜单命令“文件”→“下载”，出现“下载”对话框。可选择是否下载“程序代码块”“数据块”和“CPU 配置”，单击“下载”按钮，开始下载程序。

4. 程序的运行、监控与调试

（1）程序的运行

下载成功后，单击工具条中的“运行”按钮，或用菜单命令“PLC”→“运行”，PLC 进入 RUN（运行）工作方式。

（2）程序的监控

在工具条中单击“程序状态打开/关闭”按钮，或用菜单命令“调试”→“程序状态”，在梯形图中显示出各元件的状态。这时，闭合的触点和得电的线圈内部颜色变蓝。

（3）程序的调试

结合程序监视运行的动态显示，分析程序运行的结果，以及影响程序运行的因素，然后退出程序运行和监控状态，在停止状态下对程序进行修改编辑，重新编译、下载，监视运行，如此反复修改调试，直至得出正确的运行结果。

四、系统块的配置

系统块配置又称 CPU 组态，进行 STEP 7-Micro/WIN 32 编程软件系统块配置有 3 种方法：

（1）在“检视”菜单，选择“元件”→“系统块”。

（2）在“浏览条”上单击“系统块”按钮。

（3）双击指令树内的系统块图标。

系统块配置的包括数字量输入滤波、模拟量输入滤波，脉冲截取（捕捉），数字输出表，通信端口、密码设置、保持范围、背景时间等。

1. 设置数字量输入滤波

对于来自工业现场的输入信号的干扰，可以通过对 S7-200 的 CPU 单元上的全部或部分数字量输入点，合理地定义输入信号延迟时间，就可以有效地抑制或消除输入噪声的影响，这就是设置数字量输入滤波器的缘由。如 CPU22X 型，输入延迟时间的范围为 0.2～12.8ms，系统的默认值是 6.4ms。

2. 设置模拟量输入滤波（适用机型：CPU222，CPU224，CPU226）

如果输入的模拟量信号是缓慢变化的信号，可以对不同的模拟量输入采用软件滤波器，进行模拟量的数字滤波设置。模拟输入滤波系统中的三个参数需要设定：选择需要进行数字滤波的模拟量输入地址、设定采样次数和设定死区值。系统默认参数为：选择全部模拟量输入（AIW0～AIW62 共 32 点），采样次数为 64，死区值为 320（如果模拟量输入值与滤波值的差值超过 320，滤波器对最近的模拟量输入值的变化将是一个阶跃数）。

3. 脉冲截取（捕捉）

如果在两次输入采样期间，出现了一个小于一个扫描周期的短暂脉冲，在没有设置脉冲捕捉功能时，CPU 就不能捕捉到这个脉冲信号。系统的默认状态为所有的输入点都不设脉冲捕捉功能。

4. 设置数字输出表

S7-200 在运行过程中可能遇到由 RUN 模式转到 STOP 模式，在已经配置了数字输出表功能时，就可以将数字输出表复制到各个输出点，使各个输出点的状态变为由数字输出表规定的状态，或者保持转换前的状态。

5. 定义存储器保持范围

在 S7-200 系列 PLC 中，可以用编程软件来设置需要保持数据的存储器，以防止出现电源掉电时，可能丢失一些重要参数。当电源掉电时，在存储器 V、M、C 和 T 中，最多可定义 6 个需要保持的存储器区。对于 M，系统的默认值是 MB0～MB13 不保持；对于定时器 T，只有 TONR 可以保持；对于定时器 T 和计数器 C，只有当前值可以保持，而定时器位和计数器位是不能保持的。

6. CPU 密码设置

CPU 的密码保护的作用是限制某些存取功能。在 S7-200 中，对存取功能提供了 3 个等级的限制，系统的默认状态是 1 级（不受任何限制）。设置密码时首先选择限制级别，然后输入密码确认。

如果在设置密码后又忘记了密码，只有清除 CPU 存储器的程序，重新装入用户程序。当进入 PLC 程序进行下载操作时，弹出“请输入密码”对话框，输入“clearplc”后“确认”，PLC 密码清除，同时清除 PLC 中的程序。

附录 B

S7-200 的特殊存储器（SM）标志位

特殊存储器位提供大量的状态和控制功能，用来在 CPU 和用户之间交换信息。

1. SMB0：状态位

各位的作用如表 B-1 所示，在每个扫描周期结束时，由 CPU 更新这些位。

表 B-1　特殊存储器字节 SMB0

SM 位	描　述
SM0.0	此位始终为 1
SM0.1	首次扫描时为 1，可以用于调用初始化子程序
SM0.2	如果断电保存的数据丢失，此位在一个扫描周期中为 1，可用作错误存储器位，或用来调用特殊启动顺序功能
SM0.3	开机后进入 RUN 方式，该位将 ON 一个扫描周期，可以用于启动操作之前给设备提供预热时间
SM0.4	此位提供高低电平各 30s，周期为 1min 的时钟脉冲
SM0.5	此位提供高低电平各 0.5s，周期为 1s 的时钟脉冲
SM0.6	此位为扫描时钟，本次扫描时为 1，下次扫描时为 0，可以用作扫描计数器的输入
SM0.7	此位指示工作方式开关的位置，0 为 TERM 位置，1 为 RUN 位置。开关在 RUN 位置时，该位可以使自由端口通信模式有效，切换至 TERM 位置时，CPU 可以与编程设备正常通信

2. SMB1：状态位

SMB1 包含了各种潜在的错误提示，这些位因指令的执行被置位或复位（见表 B-2）。

表 B-2　特殊存储器字节 SMB1

SM 位	描述
SM1.0	零标志，当执行某些指令的结果为 0 时，该位置 1
SM1.1	错误标志，当执行某些指令的结果溢出或检测到非法数值时，该位置 1
SM1.2	负数标志，数学运算的结果为负时，该位置 1
SM1.3	试图除以 0 时，该位置 1
SM1.4	执行 ATT（Add to Table）指令时超出表的范围时，该位置 1
SM1.5	执行 LIFO 或 FIFO 指令时试图从空表读取数据时，该位置 1
SM1.6	试图将非 BCD 数值转换成二进制数值时，该位置 1
SM1.7	ASCII 码不能被转换成有效的十六进制数值时，该位置 1

3. SMB2：自由端口接收字符缓冲区

SMB2 是自由端口接收字符的缓冲区，在自由端口模式下从端口 0 或端口 1 接收的每一个字符均被存于 SMB2，便于梯形图程序存取。

4. SMB3：自由端口奇偶校验错误

接收到的字符有奇偶校验错误时，SM3.0 被置 1，根据该位来丢弃错误的信息。

5. SMB4：队列溢出

SM4 包含中断队列溢出位、中断允许标志位和发送空闲位等（见表 B-3）。

表 B-3　特殊存储器字节 SMB4

SM 位	描述	SM 位	描述
SM4.0	通信中断队列溢出时，该位置 1	SM4.4	全局中断允许位，允许中断时该位置 1
SM4.1	输入中断队列溢出时，该位置 1	SM4.5	端口 0 发送器空闲时，该位置 1
SM4.2	定时中断队列溢出时，该位置 1	SM4.6	端口 1 发送器空闲时，该位置 1
SM4.3	在运行时发现编程问题，该位置 1	SM4.7	发生强制时，该位置 1

6. SMB5：I/O 错误状态

SM5 包含 I/O 系统里检测到的错误状态位，详见 S7-200 的系统手册。

7. SMB6：CPU 标识（ID）寄存器

SM6.4～SM6.7 用于识别 CPU 的类型，详见 S7-200 的系统手册。

8. SMB8 ~ SMB21：I/O 模块标识与错误寄存器

SMB8～SMB21 以字节对的形式用于 0 号～6 号扩展模块。偶数字节是模块标识寄存器，用于标记模块的类型、I/O 的类型、输入和输出的点数。奇数字节是模块错误寄存器，提供该模块 I/O 的错误信息，详见 S7-200 的系统手册。

9. SMW22 ~ SMW26：扫描时间

SMW22～SMW26 中是以 ms 为单位的上一次扫描时间、最短扫描时间和最长扫描时间。

10. SMB28 和 SMB29：模拟电位器

它们中的 8 位数字分别对应于模拟电位器 0 和模拟电位器 1 动触点的位置。

11. SMB30 和 SMB130：自由端口控制寄存器

SMB30 和 SMB130 分别控制自由端口 0 和自由端口 1 的通信方式，用于设置通信的波特率和奇偶校验等，并提供自由端口模式或系统支持的 PPI 通信协议的选择。

12. SMB31 和 SMB32：EEPROM 写控制

SMB31 和 SMB32 的意义见 EEPROM。

13. SMB34 和 SMB35：定时中断的时间间隔寄存器

SMB34 和 SMB35 用于设置定时器中断 0 与定时器中断 1 的时间间隔（1～255ms）。

14. SMB36 ~ SMB65：HSC0、HSC1、HSC2 寄存器

SMB36～SMB65 用于监视和控制高速计数器 HSC0～HSC2，详见系统手册。

15. SMB66 ~ SMB85：PTO/PWM 寄存器

SMB66～SMB85 用于控制和监视脉冲输出（PTO）和脉宽调制（PWM）功能，详见系统手册。

16. SMB86 ~ SMB94：端口 0 接收信息控制

详见系统手册。

17. SMW98：扩展总线错误计数器

当扩展总线出现校验错误时加 1，系统得电或用户写入零时清零。

18. SMB130：自由端口 1 控制寄存器

19. SMB136 ~ SMB165：高速计数器寄存器

用于监视和控制高速计数器 HSC3～HSC5 的操作（读/写），详见系统手册。

20. SMB166 ~ SMB185：PTO0 和 PTO1 包络定义表

详见系统手册。

21. SMB186 ~ SMB194：端口 1 接收信息控制

详见系统手册。

22. SMB200 ~ SMB549：智能模块状态

SMB200～SMB549 预留给智能扩展模块（例如 EM 277 PROFIBUS 模块）的状态信息。例如 SMB200～SMB249 预留给系统的第一个扩展模块（离 CPU 最近的模块）；SMB250～SMB299 预留给第二个智能模块。

参考文献

[1] 王永华．现代电气及可编程程序控制技术[M]．北京：北京航空航天大学出版社，2002．

[2] 劳动和社会保障部教材办公室[M]．电力拖动控制线路与技能训练．北京：中国劳动社会保障出版社，2001．

[3] 胡学林．可编程序控制器教程[M]．北京：科学出版社，2003．

[4] 孙平．可编程序控制器原理及应用[M]．北京：北京航空航天大学出版社，2003．

[5] 余雷声．电气控制与 PLC 应用[M]．北京：机械工业出版社，2002．

[6] 廖常初．可编程序控制器应用技术[M]．重庆：重庆大学出版社，2002．